療癒園藝

餐桌の香草植栽

全圖鑑

日本園藝人氣講師
小川恭弘
監修

目次

CONTENTS

【前導篇】

什麼是香草植物？

以前人們將生活中常見的植物，以各種不同的形式利用。不只是當作青菜吃掉而已，也會曬乾泡茶，或是用在消毒除蟲上。

這些效果與功能，絕對不是化學物品可替代，而是經年累月的傳承與體驗所得到的知識。

這些對生活有幫助的植物，並非經過嚴密的定義，在歐美則被統稱為「香草」。

本書將為大家介紹代表性香草的魅力、栽培方法以及簡單的利用方式。

最重要的是，從自己栽培開始，實際感受該植物所擁有的香料力量。

為了自身健康，試著找出生活中的香草植栽吧！

與香草相處の3大重點！

1 以香氣決定栽培的香草

想要試著在料理上使用自行栽培的香草，但也有很多香味不太能夠接受。每一種香草都有自己特有的香氣，依料理的不同，也會有適合或是不適合的，那麼請先試著找出自己喜歡的香氣吧！即便在料理上不使用，但聞到新鮮葉子的香氣，也能有療癒的效果。

所以購買幼苗時，請試著輕觸葉子確認香氣來選擇。

2 每天都要觀察香草變化

與植物相處最重要的是要時常觀察，不錯過任何的變化。很多香草植物非常容易栽培，但放置不管也會很快枯萎。因此，放置場所、澆水等，甚至是所在的環境，都必須注意成長過程，才能判斷。

香草植物不像貓狗一樣有很明顯的反應變化，可觀察葉片與新芽的樣子，便能夠察覺到其細微的改變。有人說，經常和植物說話也能夠幫助它長得更好，所以能每天與植物說話並觀察其狀況，也是很好的習慣。

3 多元運用並感受香草力

香草的品種有很多，每一種特有的藥效成分，也都被拿來研究。

在歐美更被利用作為「園藝治療」，其成分甚至也依種類與培育環境等，都有很大的落差。當然依使用者的體質與狀況，也有不同的反應。

即便是同種類的花草茶，其乾燥的生葉也有不同。所以，在一開始評估香草種類的特性時，就能多元運用！

成功種好香草植栽の3個祕訣

1 放置的區域

植物是從根部吸收水分、氧氣與營養，由葉子行光合作用而成長的。依種類也許有些不同，但沒有光照的話，植物也是無法生長。想要在廚房簡單便利的使用香草，最適合在陽台或是有陽光，可直射進來的廚房種植。

2 花盆與土壤

大部分的香草植栽，從春天到夏天會快速成長。在初春買的小盆栽苗，也會長大好幾倍。而支持其生長的是盆栽與土壤。

素燒的陶盆外觀較為柔和也是它的魅力所在，但稍微重了些，也有摔壞的風險。

塑膠製的花盆保水度不錯，也可以選擇想要的顏色或設計。

土壤可選擇園藝用的「培養土」。配合樹種類的用土與改良的培養土，不僅加入了肥料，排水與保水都相當不錯。

3 澆水的技巧

園藝新手最容易失敗在於——澆水。

植物所需的水分是依植物本身的大小、季節、溫度與盆栽放置的地方而有所不同。

基本上「土壤表面乾了的話，就澆水到盆栽底部滴出一點水的程度，並倒掉水盤的剩餘水」。

生長期時，盡可能在早上澆水，夏天若放置在陽台等或較乾的地方，早晚也必須澆兩次水。

本書の使用方法

邊欄
依內容區分不同顏色做介紹。

- …食譜
- …栽培方法
- …效能
- …生活

解說
品種的特徵與歷史，以及使用方法等，並解說各種香草的關鍵資訊。

名稱與基本資訊
記載香草植栽的名稱、別名、俗名、植物科名、原產地。

Coriander

一年生香草植栽

東南亞料理不可或缺的獨特香氣

俗稱「香菜」的香草，因為其獨特強烈的香氣，在泰國及越南料理是不可或缺的角色。因葉子柔軟，可用在沙拉及涼拌外，加在麵線、生魚片、湯品、炒麵等就能帶出東南亞風味。

或與酪梨、番茄、洋蔥等一起攪拌，便是墨西哥料理必備的「酪梨醬」。種子有香菜葉子溫和的味道，及一點點甜味。

也被用在辛香料與咖哩粉上，加幾顆在醃漬醋裡，更能增添風味。

關於種子

香菜種子是咖哩不可或缺的辛香料之一。有橘子般的清爽香氣，也常用在於甜點。

香菜芝麻醬

水豆腐加上碎芝麻、鹽、芝麻油，用磨碎缽攪拌磨碎，再加入切碎的香菜、蝦米、堅果後即可使用。和汆燙後的茼蒿等一起拌入也更加美味。

越南牛肉河粉

材料（2人份）

牛肉薄片…150克
香菜…1/2把
青蔥…1/2把
豆芽菜…100克
紅辣椒…1支
青辣椒…1支
河粉…150克

A 魚露…2大匙
雞粉…1小匙
胡椒…1小匙
檸檬切片…1小片

做法

1 先用滾燙熱水將牛肉汆燙至稍有點紅色的程度後放入冷水冷卻，瀝乾並切成容易食用的大小。汆燙豆芽菜。除去紅辣椒與青辣椒的種子後橫切片。青蔥斜切，香菜切成大片。
2 300c.c.水放入鍋內沸騰，用A調味。
3 河粉依包裝上的標準指示下鍋，並瀝過水後再放入碗內，倒入2並將1擺入後依喜好擠上檸檬汁。

栽培+採收

度過夏天才是重點 注意濕熱與乾燥

種植

春天與秋天時幼苗開始販售。因耐寒的關係，於秋天種植春天就能長成大株。即使自然落下的種子也容易生長。從種子開始種植，3～5月（春播）9～10月（秋播）即可播種。春天播種能採收很多柔軟的葉子，秋播則是病蟲害較少。

收成

植株長到約20公分，可以從外側葉子開始採收。一長出藤蔓，莖葉也會變硬，請盡早採收。採收花與種子時也注意葉子的收成。

度過夏天

香菜喜水，特別在夏天時須注意時時澆水。氣候濕熱的話就會長的不好，建議於9月種植新苗。

採收期

12月 11月 10月 9月 8月 7月 6月 5月 4月 3月 2月 1月

種植期 播種期 開花

栽培重點：較耐寒，稍做防霜準備即可度過冬天。

23

芫荽（香菜）

別名／香菜（香草）、胡荽
科名／傘行科芫荽屬
原產地／地中海地方

因為植株較小的關係，請注意不要過度採收葉子。

芫荽肉醬

莖葉切碎加入絞肉、大蒜、薑等一起拌炒，不僅可保存，蓋在熱騰騰的白飯上就很美味。

莖與根的使用方法

莖比葉子的香氣還濃郁，可細切使用。根部也有強烈的香氣，可加在湯中，或是切碎拌炒，也可裝飾在咖哩飯上。

栽培行事曆
一年之中哪個時期適合種植、什麼時候收穫等栽培相關的事宜，以及一目瞭然的行事曆。

栽培方法
說明在家栽培的注意事項。

食譜
介紹推薦的香草料理。

注意點

- 依體質與身體狀況的不同，香草經由食用與接觸等也會引起過敏等反應。在食用、飲用與肌膚接觸時，若有不對勁的感覺時請先暫停使用，必要時也找醫師治療。
- 有慢性疾病與長久服用醫藥品者，請先向醫師諮詢後再請攝取。可能已懷孕、懷孕中、未滿12歲的孩童以及年長者，也同樣要接受醫師確認後再食用。
- 本書所介紹的香草與香料皆非藥品。請不要以活用法、植物療法、生病療法代替使用。

PART 1

春開花、秋結果の
一年生香草植物

ANNUAL & BIENNIAL

什麼是「一年生香草植物」？

春天發芽開花，秋天就結果（種子）的稱為一年生植物。

秋天播種，直到隔年冬天成長一年以上的，也有在原產地氣候一年以上不會死亡的品種。

從種子開花結果到死亡的循環，被稱為一年生植物、二年生植物等。

該從種子開始種？還是從幼苗開始種？

種子一播就能長出很多株苗。但若同時用數個花盆栽培，購入幼苗較為輕鬆。

種子

因香草品種不同，也有各自適合播種的時期。在發芽時，要注意所需的溫度以及生長的時機。

種子袋上會標示播種期等相關資訊，開封後剩下的種子也請避免濕氣與高溫保存。過了保存期會造成發芽率下降。

幼苗

大部分的香草幼苗，於初春時就在市場流通。可在供貨充足的店面，選擇莖的支撐力好，葉子顏色鮮豔有精神的幼苗。長時間在塑膠盆的幼苗，因為根部在盆子內過度延伸生長關係，請注意會有些根從盆底伸出。幼苗在購入後，請盡早移植到較大的花盆裡。

羅勒

別名／甜羅勒、九層塔
日本名／目箒
科名／唇型科
原產地／印度、熱帶亞洲

在希臘，種植在陶盆的希臘羅勒，可以裝飾餐桌並有驅逐蒼蠅的功能。

依栽培場所，使用的方法也不同

在日照充足成長的羅勒香氣較重，適合小火長時間燜煮與泡茶。另外，在半日照生長環境，氣味較柔和，也很適合生食。

羅勒茶的功能

舒緩壓力所引起的腸胃不適、失眠；預防手腳冰冷、放鬆等效果。

經典聖草，義大利料理必備

因為易使用也容易栽培的關係，是非常受歡迎的香草之一。

在原產地印度，從以前就被當作奉獻給神明的香料植物，傳說也會在家門前種植，用來驅邪保護家族的功能。

在印度的傳統醫學阿育吠陀中也提到，羅勒具有放鬆心情與抑制發炎的作用，羅勒茶也有調節自律神經、緩和鼻喉不適。

在義大利料理被稱做甜羅勒，最常與堅果、大蒜、帕馬森起司、橄欖油一起攪碎拌勻，就是青醬的製作方法。

紫色品種是因為氣溫過高而產生的顏色不安定，鮮豔的紫色較不常見。

香味的成分來自於「芳樟醇」與「樟腦」。具有陣痛與抗菌的作用，也被認為有促進食慾調整腸胃等效果。

招來幸運的灌木型羅勒

傳說，灌木型羅勒不僅被認為能夠喚來財運，同時也有收回花心另一半的力量。試著相信效果，悄悄的在胸前口袋放一小株吧！

羅勒籽有助整腸健胃

羅勒籽因為富含「葡甘露聚醣（Glucomannan）」的膳食纖維，加入水就會膨脹30倍，膳食纖維不只帶來飽足感，還能幫助調整腸胃環境，也能預防生活習慣病。

栽培＋採收

羅勒在香草中屬高溫性，收成約在初夏到晚秋。

種植

4月左右幼苗便會開始販售。每一株種植的標準為直徑15～18公分的花盆。從種子開始培育，約在5個月後移植即可。

摘芯～收成

在盆內種植的苗，摘除各株的前端頂芽可以增加側芽的生長，盆栽也能生長的茂密，形狀便能完整集中。採收嫩葉時也要反覆摘芯。

摘芽

盛夏時，摘除約草高一半的新芽，約一個月便會長出新芽，最晚到秋天都能採收。一開花葉子就會變硬，風味也會增加。

摘除莖的前端，幫助側芽成長。

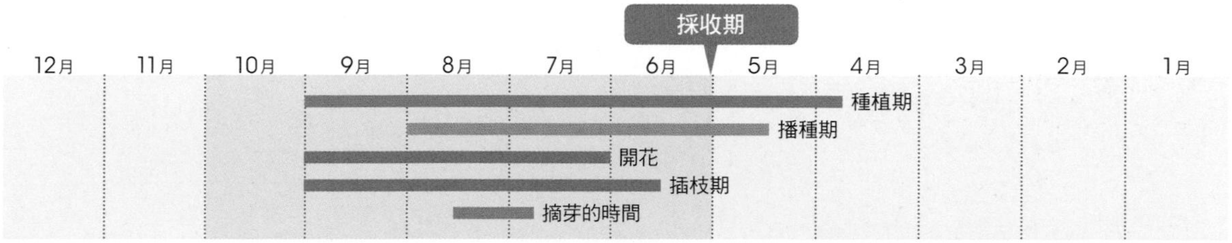

採收重點：大株的羅勒直到霜降前都可採收！

特製「義大利青醬」

甜羅勒葉2把、堅果1大匙、蒜頭1片、帕馬森起司2大匙、橄欖油4大匙，放入食品調理機打成糊狀，最後加上鹽巴增添風味。

＊保存時放入玻璃罐中，並加上2～3毫升的橄欖油覆蓋於表面，放入冰箱冷藏，需盡快食用完畢。

青醬雞腿排

準備去骨雞腿肉一塊縱切，並於切口放入適量的青醬。將起司包在雞肉之中，放在鋁箔紙上並排，再灑上少許的鹽巴與胡椒，放入已預熱的烤盤中，加熱至整體表面微呈現金黃色，並切分大塊方便食用。最後，調配各2大匙的蜂蜜、橄欖油，加上切細碎的羅勒，當成醬料。

羅勒是香草之王

據說甜羅勒是亞歷山大大帝遠征印度時帶回來的，便廣泛流傳於歐洲。希臘語中的王的意思就是其「羅勒」（basilicum）的由來，也被稱做「藥草之王」「香草之王」「皇室的香草」等。

義大利所稱的甜羅勒，所製作的青醬更是屬於必備基本調味料理。起源於義大利西北部的利古里亞省熱那亞，正式被稱為「熱那亞青醬」。將甜羅勒、堅果、大蒜、帕馬森起司等磨碎後，加入橄欖油攪拌即可。

青醬（熱那亞風）常被用來作青醬義大利麵。在義大利，常搭配比細麵條還粗一點的扁麵食用。

亞洲也有羅勒料理

在羅勒的品種中有被稱做泰國羅勒、神聖羅勒，日本名為「神目箒」。在印度的阿育吠陀裡為不可或缺的藥草，用於感冒、頭痛、胃的症狀、發炎、心臟病、許多的中毒及瘧疾。

在泰國料理中相當受歡迎的Gai Pad Krapow（打抛雞肉），Gai 指的是雞肉，Pad 是炒，Krapow是聖羅勒的意思。添上白飯再加顆荷包蛋就是「打抛飯」。

與甜羅勒不同的是擁有獨特的風味及苦味，是廣泛用在東南亞料理中不可欠缺的美味香草。

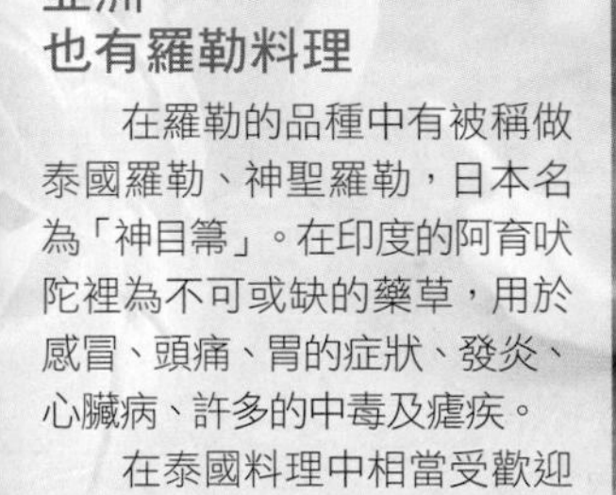

10種羅勒圖鑑

品種多，姿態與香氣多樣且豐富。

08 聖羅勒

在印度被視為神聖的植物而受到歡迎的聖羅勒。整體軟毛密生，體型不大。茂密的分枝繁殖成草叢狀。味道較甜羅勒溫和，適合用在沙拉上食用。

09 灌木羅勒

茂密生長的分枝集中成球狀羅勒。較甜羅勒耐寒，植株約20～30公分。適合種植於花圃邊緣，也廣泛使用於料理的擺盤裝飾。

10 泰國羅勒

香氣較甜羅勒強烈，葉子帶有茴芹與丁香的味道。莖為紫色，也會開紫色的花。適合用在東南亞料理與泰國料理上。

04 紫紅羅勒

特徵是帶點丁香的芳香，暗紫紅色的葉子可用於調製醋與油的材料。也適合盛夏的花園，是精神飽滿的品種。

05 紫羅勒

特徵是比甜羅勒還溫和的味道。花與莖葉浸漬於醋，會染成美麗的紅色，也用來裝飾料理。

06 希臘羅勒

呈四角的莖，會長出細小葉子。比起其他的羅勒品種耐寒且生長茂密。

07 肉桂羅勒

此品種對於「芳香四溢的花園」是重要的一角。請好好享受，接近肉桂的香氣吧。

01 甜羅勒

羅勒中最常見的品種。會開稍微帶有紅色的白花。特徵是清爽的甜味，常用於披薩與義大利麵等料理上。

02 檸檬羅勒

短時間就能生長旺盛，很快能採收。因為有著檸檬清爽的香味，很適合做成醬汁，搭配魚料理、雞肉料理，不僅香氣十足更顯好吃。

03 紅色羅賓

整體呈現暗紫色，比紫羅勒給人看起來安定、穩重，適合當成花圃配色。或者，加入醋浸漬成紅色也很推薦。

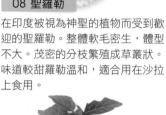

洋甘菊

日本名／加密列

科名／菊科母菊屬（德國種）、

菊科黃春菊屬（羅馬種）

原產地／印度、歐洲到西亞

洋甘菊茶

加熱水泡5分鐘左右即可飲用。

具蘋果香氣、能助眠抗發炎的小花

一到春天，便開出與雛菊相似的小花與蘋果般的香味。有保暖與放鬆的作用，也可熬煮做為入浴劑，運用在泡澡上。

德國種洋甘菊，抗發炎效果非常好，吸收其蒸氣對花粉症及鼻塞的消除非常有效。

將花加入牛奶煮成鮮奶茶，也能緩和失眠與生理痛。

或是加在蜂蜜醃漬與蘋果等水果一同熬煮，非常好喝，值得推薦在夏日飲用。

利用茶包敷眼睛

使用完的洋甘菊茶包，放在眼睛上可舒緩疲累。

洋甘菊蛋糕

製作蛋糕時，將熬煮出濃厚的洋甘菊茶加入牛奶等混和，就能做成風味絕佳的香料蛋糕。

羅馬種洋甘菊是多年生植物

多年生植物的羅馬種洋甘菊，開花時期在6～7月。花的香氣較重，適合曬乾後放入香袋。植株較矮，也因攀爬生長的關係，種植於長凳與椅子的座面也能享受清香椅子的樂趣。但是不耐高溫與潮濕，特徵是較難跨越過夏天。

栽培＋採收

在初夏到晚秋當花朵生成健康的向下縮合時，即可採收。

種植

在春秋之際，幼苗便開始流通於市面上。因為耐寒的關係，推薦在秋天種植，在春天便能長成較大植株。落下的種子也容易生長。

摘芯～收成

花瓣向下縮合，黃色中心部分向上隆起時，即是最佳的採收期。在晴朗的白天輕摘莖端的花朵即可。羅馬種洋甘菊的莖葉也可以被利用。

摘芽

多年生植物的羅馬種，到了夏天會因為熱而枯萎，採收花時，剪短收成也能長出新芽回到漂亮的姿態。一年生植物的德國種洋甘菊，建議在梅雨時，從莖部剪下採收。

花瓣向下縮合，黃色中心部份向上隆起時，即是最佳的採收期。

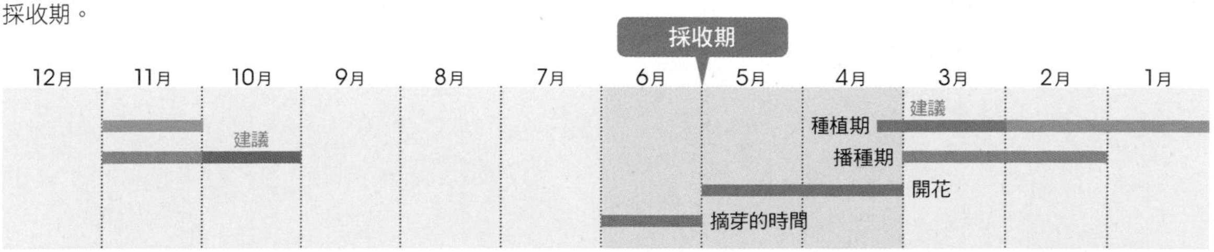

採收重點：在氣溫上升、病蟲害發生前採收！

金蓮花

別名／旱金蓮、印度水芹
日本名／金蓮花
科名／旱金蓮科旱金蓮屬
原產地／哥倫比亞

適合裝飾沙拉

因花瓣較薄，容易枯萎，在上桌前採收即可。或是事先浸泡冷水冰鎮後再使用。

色彩妍麗、莖葉花果都實用的香草

因開著鮮紅色與黃色花朵的香草，而得名為「金蓮花」。

整體帶有辣味，葉子與花多可用在三明治或是生火腿上。果實帶有山葵的味道，也可磨碎使用。

富含維他命C與鐵質，對美肌與改善貧血也有效果；可以熬煮花、葉、莖做成潤絲精使用，對滋養髮質很好。

雖然是容易栽培的植物，但不耐寒與潮濕，需要選擇日照好的地方，並注意不過多澆水。

醋漬金蓮花種子

趁著種子還是青色時採收，浸泡在醃漬果醋裡一段時間即可食用。

搭配美乃滋攪拌

哇沙米風的馬鈴薯沙拉

在市售的馬鈴薯沙拉醬裡加入磨碎的種了攪拌，即成為與平常不同的小菜。加入醬油更增添日式風味。為了防止種子的香氣跑掉，建議自己煮的馬鈴薯沙拉，要放涼後再加入。口感帶點溫和辣味的哇沙米風味，相當好吃！

栽培＋採收

不耐高溫多濕，勤快修剪，涼快的度過夏天

種植

在3月就有結花的幼苗流通市面，直到4月中旬都可種植。勤快的摘除花梗便能再度開花。從種子開始種植的話，可在1～3月播種，並在室內管理培養。

摘芯～收成

本葉長了4～5片時，從莖的前端開始進行摘芯。側芽的生長，植株也會茂盛的成長，增加花開。在5月採收長出的莖葉與花，都還能再發新芽。

摘芽

不耐高溫潮濕，夏天生長較緩慢也常枯萎。在夏天時，避免直射陽光日照，請在從樹葉縫隙穿射出的陽光，且通風乾燥涼爽的地方培養。修剪後植株得到休息，秋天也能再度開花。

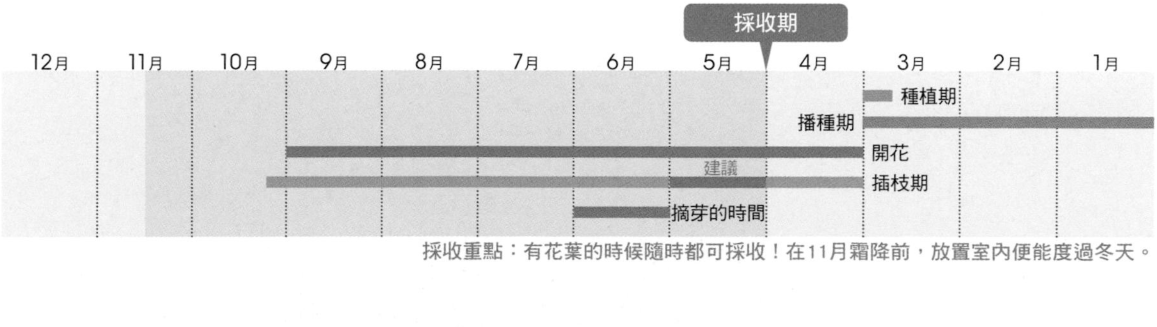

採收重點：有花葉的時候隨時都可採收！在11月霜降前，放置室內便能度過冬天。

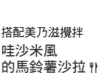

芫荽（香菜）

別名／香菜（香草）、胡荽
科名／傘行科芫荽屬
原產地／地中海地方

因為植株較小的關係，請注意不要過度採收葉子。

芫荽肉醬

莖葉切碎加入絞肉、大蒜、薑等一起拌炒，不僅可保存，蓋在熱騰騰的白飯上就很美味。

莖與根的使用方法

莖比葉子的香氣還濃郁，可細切使用。根部也有強烈的香氣，可加在湯中，或是切碎拌炒，也可裝飾在咖哩飯上。

香氣濃烈，東南亞料理不能少的好味道

俗稱「香菜」的香草，因為其獨特強烈的香氣，在泰國及越南料理是不可或缺的角色。因葉子柔軟，可用在沙拉及涼拌外，加在麵線、生魚片、湯品、炒麵等都能帶出東南亞風味。

種子也可與酪梨、番茄、洋蔥等一起攪拌，就是墨西哥料理必備的「酪梨醬」。種子有香菜葉子溫和的味道，及一點點甜味。

種子也被用在辛香料與咖哩粉上，加幾顆在醃漬醋裡，更能增添風味。

關於種子

香菜種子是咖哩不可或缺的辛香料之一。有橘子般的清爽香氣，也常用在於甜點。

香菜芝麻醬

水豆腐加上碎芝麻、鹽、芝麻油，用磨碎缽攪拌磨碎，再加入切碎的香菜、蝦米、堅果後即可使用。和汆燙後的茼蒿等一起拌入更加美味。

越南牛肉河粉

材料（2人份）

牛肉薄片…150克
香菜…1/2把
青蔥…1/2把
豆芽菜…100克
紅辣椒…1支
青辣椒…1支
河粉…150克

A 魚露…2大匙
雞粉…1小匙
胡椒…1小匙
檸檬切片…1小片

做法

1 先用滾燙熱水將牛肉汆燙至稍有點粉紅色的程度後放入冷水冷卻，瀝乾並切成容易食用的大小。汆燙豆芽菜。除去紅辣椒與青辣椒的籽後橫切片。青蔥斜切，香菜切成大片。
2 300毫升水放入鍋內沸騰，用A調味。
3 河粉依包裝上的標準指示下鍋，並瀝過水後再放入碗內，倒入2並將1擺入後依喜好擠上檸檬汁。

栽培＋採收

度過夏天才是重點 注意濕熱與乾燥

種植

春天與秋天時幼苗開始販售。因耐寒的關係，於秋天種植春天就能長成大株。即使自然落下的種子也容易生長。從種子開始種植，3～5月（春播）9～10月（秋播）即可播種。春天播種能採收很多柔軟的葉子，秋播則是病蟲害較少。

收成

植株長到約20公分，可以從外側葉子開始採收。一長出藤蔓，莖葉也會變硬，請盡早採收，採收花與種子時也要注意葉子的收成。

度過夏天

香菜喜水，特別在夏天時須注意，要經常澆水。氣候濕熱的話就會長的不好，建議於9月種植新苗。

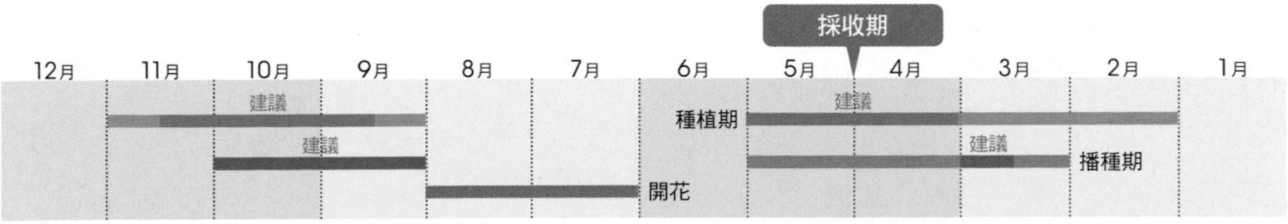

栽培重點：較耐寒，稍做防霜準備即可度過冬天。

紫蘇

別名／荏、青蘇、紅蘇
日本名／大葉
科名／唇形科紫蘇屬
原產地／中國南部、喜馬拉雅、日本

涼拌小菜

紫蘇番茄

準備15顆去皮小番茄，100毫升滾水，加入1／2小匙醋與2小匙昆布茶後立即關火。並放上剛準備好的去皮小番茄，放涼後再放入冰箱冷藏。食用時，再切上適量的細紫蘇即可。

保存方法

將紫蘇的葉桿朝上放入空瓶，並加入一大匙的水。蓋緊瓶蓋後倒著放入冰箱保管。重點是，莖能夠接觸到水為最佳。

清香宜人，能增進食慾的和風美草

很久以前在日本，紫蘇就是被當做調味香草使用。獨特的清新香氣，富含「紫蘇醛」有助抗氧化與防腐效果，經常與生食搭配食用。

此外，紫蘇具有抗敏作用，對異位性皮膚炎也有功效。藥效較高的「赤紫蘇」被用在梅乾的染色，熬煮製成的赤紫蘇汁，也能改善夏天的食慾不振。

紫蘇適應力強，非常容易栽培，相當適合新手入門。

也請試試長期保存「紫蘇葉」的使用方法吧（第24頁）。

富含多酚的赤紫蘇汁

赤紫蘇葉清洗後，經過30分鐘小火熬煮，過濾葉渣，加入砂糖與檸檬汁（或是米醋）以及20%程度的水，倒入罐子裡稀釋並放入冰箱冷藏，可加水或蘇打水飲用。（依同樣的方法也可做成青紫蘇汁）

醃漬紫蘇籽

從穗取出種子並浸泡一個晚上去除澀味。記得，浸泡過程中要經常換水。接著，過濾並瀝乾水分後，加入種子重量的10%鹽。如果要長期保存，可多加鹽的分量防腐。

和風紫蘇醬

青紫蘇切絲加入果醋與橄欖油，攪拌均勻就完成紫蘇醬。也可以代替羅勒做成爽口的青醬。

營養與功能

紫蘇富含維他命A（胡蘿蔔素）、B2；礦物質鈣、錳。葉了更是在青菜中擁有高營養價值。香味成分也有抗老化的效果。

赤紫蘇

栽培＋採收

透過摘芯與修剪可長更多葉子

種植

選擇節間長出大片葉子的苗。因為幼苗很早就在市場販售，買回後建議在室內栽培直到氣溫安定的5月，本葉長了4～6片後，再移植到大一點的盆栽。如果是從種子開始培育，約在4月下旬播種並在室內發芽，到了5月再移往戶外。

摘芯～收成

植株約長到20公分時剪去莖部頂端的芽（摘芯）。從摘取的位置，會再長出茂密的側芽，增加葉子採收。

度過夏天

氣溫變熱，易發生紅蜘蛛蟲侵害，葉子也會隨之萎縮。因此，栽培成大株植栽之前，太過乾燥下葉會枯萎，要注意持續給水。

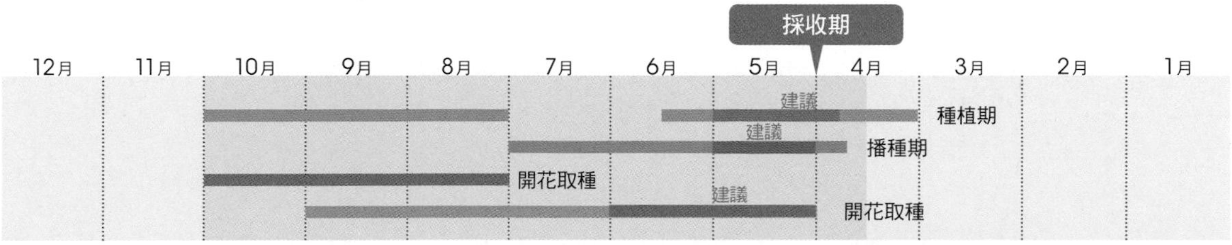

採收重點：長成大株植栽，可從莖採收。

香芹（西洋芹）

別名／巴西利
日本名／荷蘭芹
科名／傘形科歐芹屬
原產地／地中海沿岸

紅蘿蔔香芹

準備一條紅蘿蔔切薄片，放入微波爐加熱到柔軟後取出。接著，加入奶油30克與楓糖或蜂蜜1小匙，放入微波爐加熱融化後取出。將柔軟的紅蘿蔔與奶油楓糖攪拌後，灑上義大利香芹碎末即可。

舒緩蟲咬的癢痛

義大利香芹葉子磨碎後，塗在蚊蟲咬傷的位置，能夠舒緩發癢。

富含營養素，汆燙炸烤都好吃

義大利香芹，富含胡蘿蔔素、維他命C以及礦物質鈣、鐵等營養素，能夠促進月經排血與美膚等效果。

此外，它具有殺菌作用，放入便當裡能抑制細菌增殖。

葉子萎縮的香芹，帶點青草味和苦味。適合汆燙或油炸，都很美味；或是放入烤箱低溫烘烤，能夠長時間保存，也能灑在湯品上等食用。

義大利香芹葉子較平且軟，香味也較溫和，適合生食。

增添醬料風味更UP

塔塔醬

將水煮蛋、洋蔥碎末、檸檬汁、美乃滋混合成塔塔醬，再灑上切碎的香芹，微微的苦味會帶出絕佳的風味。

乾燥香芹碎的製作方法

❶ 將香芹洗過後瀝乾，摘下葉子部分切細碎，平放於餐紙巾上。

❷ 放入600W的微波爐加熱6分鐘。反覆觀察並稍為調高溫度，直到乾燥成一片片的狀態。若是想做成粉末，可放入篩子中搓磨。

❸ 冷卻後放入罐中保存。

義大利香芹

平葉的香芹。比起北歐香芹，苦味較溫和。

栽培＋採收

經常摘取 葉子能夠生長更多

種植

屬細根較少的「直根性植物」，不喜移植，移植時盡可能連土帶根的移植。較難度過夏天，建議於早春或秋天時種植。

連土帶根不破壞的種植。

採收～移植

在幼苗時即能採收，但在葉數增加後採收，更能享受收穫的樂趣。從外葉的基部摘取，少了捲曲葉子的植株再進行移植。

度過夏天～摘芯

初夏長出藤時盡早摘取（摘芯）。不耐夏天的高溫與強光，所以夏季請移往半日照的地方，並注意不要太乾燥。

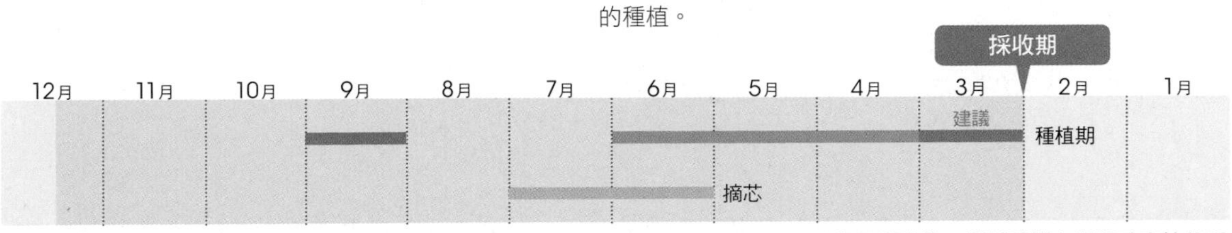

因為不喜移植，所以建議在種子時直接栽種

芝麻菜

別名／芸芥、火箭菜、火箭生菜
科名／十字花科芝麻菜屬
原產地／地中海沿岸～亞洲西部

灑在披薩上

灑在烤好的披薩上，葉子會稍微變硬，透過食物的餘溫，能緩和芝麻葉的嗆辣味。

食用花卉

奶油色的花也可食用。加入沙拉更能增添風味。

特有辣味與芝麻香，能增添料理風味

因別名「火箭」而被廣泛認識，也是義大利料理必備香草。

擁有豐富的鈣、維他命C與鐵質；獨特的辣味是山葵與蘿蔔裡也有的「異硫氰酸烯丙酯」，具有殺菌與提升新陳代謝的效果。

它具有芝麻香氣，灑在披薩或義大利麵上很受歡迎；也可拌入無花果或柿子等作成水果沙拉。芝麻葉的小白花也與葉子有同樣的風味，除了沙拉外，也可加在天婦羅或涼拌等。

開花的葉子就會變硬，只吃葉子的時候，就從花莖摘取即可食用。

辣味成分的功效

「異硫氰酸烯丙酯」的辣味成分多存在於蘿蔔、蕪菁、小松菜等十字花科青菜，因有抗氧化作用對身體抗老也有效果。也能提高免疫機能，預防癌症發生。

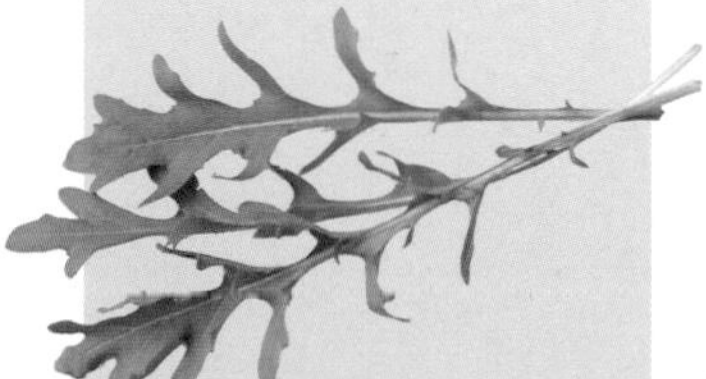

火箭生菜

也被稱為野生芝麻菜的野生種。香味與辣味較重的關係，配合其他食材一起享用，更美味。

適合與重口味的食材相配

起司、培根、鯷魚、肝臟等味道較重的食材，一同搭配更能增添風味。

栽培＋採收

播種到收成只需一個月

種植

將種子散播並蓋上一層薄土，直到發芽前，須注意不要太乾燥，並使用噴霧澆水。

收成

葉子變重時，留下少數的幼苗採收。生長較快者，約一個月即能採收食用。留下株苗中心2~3片葉子，先從外側的葉子採收。5月中旬容易有害蟲，建議在上旬採收。

成長環境

半日照生長的葉子，較柔軟容易食用，到了初夏花開時葉子會變硬，自然落下的種子也能發芽，直到花開。

從外側的葉子開始採收，或是整株採收。

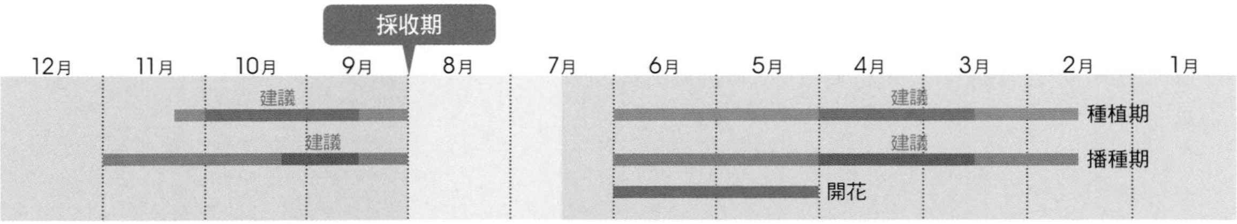

辣椒（唐辛子）

別名／紅椒
科名／茄科辣椒屬
原產地／南美

睡前泡辣椒足湯

臉盆裡倒入熱水並放幾根辣椒與一小搓的鹽巴，可以溫暖身體幫助入睡。

保存方法

將青辣椒洗淨後放入冰箱冷凍保存，可依喜好隨時使用。紅辣椒倒著吊放置，乾燥後再放入罐子中保存收藏。

利用辣椒葉子

辣椒的葉子營養價值非常高，稍帶辣味，用來炒菜或燜煮也很好吃。

獨特的辛辣成分，有助身體保暖

常見的青椒、花椒、青辣椒等都被分類在辣椒屬裡。在這之中具有辣味的「辣椒」也被稱作「紅椒」。

辛辣成分的「辣椒素」除了促進脂肪分解與改善消化不良外，也能促進排汗與保暖身體的效果。

辣椒素位在種子的胎座部分特別多，在綠色的狀態採收時，辣味更加強烈。葉子可以與青色的果實一起燜煮食用。

此外，辣椒切碎加入米酒浸泡並加水稀釋，灑在植物附近能預防蟲害。

墨西哥風味的調味料 醃辣椒乾

是以成熟的墨西哥辣椒（超辣辣椒）乾燥後醃製而成。不僅味道更強，熬煮料理時加入更能帶出辣味。在墨西哥料理中，經常將辣椒乾加入醋與辣椒為基底的醬汁裡作使用。

青辣椒醋

將青辣椒切細，加入鹽巴與米醋一起醃漬即可。可以變換醋的種類或是加入砂糖。一般用來炒菜，或如「Tabasco」使用。（切青辣椒時務必帶上手套，並注意不要接觸眼睛與鼻子等再進行。）

少量搭配讓營養加乘

青辣椒富含維他命A、C，每一次食用的量雖然不多，但少量就能與其他食材做搭配，營養成分也能互相加乘。

栽培＋採收

每年在不同的場所加入肥料栽培

種植

辣椒耐熱不耐寒的關係，必須注意種植的時期。在夏天培育長大就能常常採收。注意每年不要持續在同樣的場所，以及同樣的土壤栽培（連作）。

平日的管理

淺根的關係需注意不要忘記給水，避免忘記施肥，當植株長到20公分的程度也再追加肥料。

摘芽～收成

第一朵花（最快長出來的花）的花苞長出來時，從葉柄長出的側芽留下最頂端的兩片，下面其他的側芽全部摘除，這樣能使植株完整長大。果實約在10月中變紅，青綠的果實也可以直接使用、入菜。

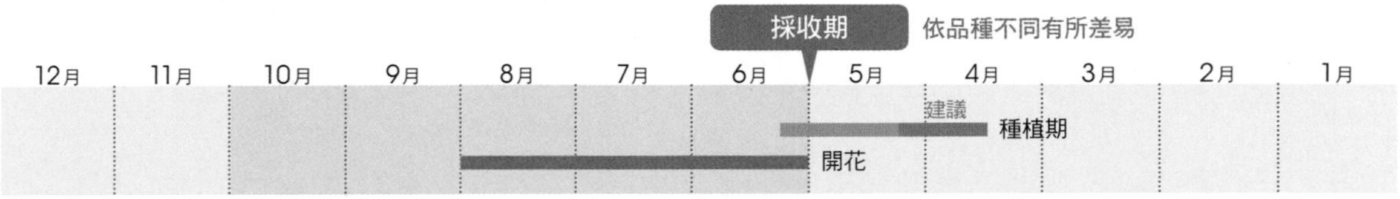

容易栽培的辛香料植物

清新的香氣 能增進食慾

辛香料與香草無法明確的區分。辛香料是將香氣較強烈的果實、葉子，以及根；乾燥後做為調味料使用。在歐洲的肉類料理中不可或缺的胡椒，是從遙遠的亞洲運輸引進，在中世紀的歐洲更被視為與黃金等同價值。辛香料多半為熱帶性植物。

南西亞的品種雖然較多不耐寒，但也有一些辛香料在東北較冷的氣候也能培育。

8種辣椒圖鑑

容易栽培，在台灣也能取得、培育很多品種。

01 辣椒

（日本八房系種）
在日本也被稱為鷹爪，辣味強。

02 越南辣椒

（越南）
越南的品種。擁有不可輕忽外表的強烈辛辣。

03 伏見辛

（日本京都）
京都特產的古老品種。稍辣，廣泛用於醃漬與料理上。

04 島辣椒

（日本沖繩）
在沖繩生長的小型品種。辣味強，風味也豐富，是辣椒泡盛酒（島辣椒醃泡盛）的原料。

05 泰國辣椒

在泰國料理上經常被使用的小型品種。辣味強，常用在泰式酸辣湯。

06 哈瓦那辣椒

（墨西哥）
世界辣度等級最高的品種。辣味也帶有柑橘香氣。

07 祕魯辣椒

（秘魯）
秘魯原產的小型品種，在當地可以直接生吃。

08 韓國辣椒

（青陽辣椒）
辣味強，常被用在泡菜與火鍋上。

3種辛香料植物圖鑑

樹苗與種子都可在市場買得到。

03 桂冠樹（月桂樹、月桂葉）

在西式料理為必備的辛香料，在地上種植可以長到10公尺以上的樹木。在盆栽裡種植也能採收葉子，是很容易培育的植物。

栽培

❶ 準備樹苗，並選擇可以安定大幅成長的盆栽。
❷ 樹苗從盆中取出時確認露出來的根，過長與變茶色的根請修剪掉。
❸ 喜好肥沃的土壤，春天與秋天時要追加肥料。
❹ 作為香草使用的葉子，比起嫩葉，成熟葉子的香氣較強。修剪枝條，調整成樹形培養。

01 薑黃（turmeric）

與薑屬同目，過去被當作黃色染料使用。蘿蔔乾與咖哩的黃色就是薑黃的顏色。雖然有很多品種，但「秋薑黃」富含豐富的薑黃素，能提高肝膽機能，也是較容易栽培的品種。

栽培

❶ 準備較深的花盆。盡可能將薑黃種子大塊切開。
❷ 5月時，將苗與苗之間間隔10～15公分移植。
❸ 每隔2個月在根部追加一小搓的肥料。
❹ 秋天葉子端稍枯萎時即能採收。若要保存的話請烘乾，隔年繼續栽種，可用木屑或報紙包住，放在乾燥的地方保管。

02 芝麻

原產地非洲，從古代就被當作健康食材，黑芝麻常使用在藥用上。可以在大一點的花盆培育，成熟的果實會被彈出，採收的時間很重要。

栽培

❶ 4月下旬～5月取約10公分的間距播種。
❷ 5月中旬～6月植株長約5～10公分，每2株拉開間距。
❸ 在7～8月會開出小花後結果。
❹ 豆莢轉黃且下葉枯萎時即是採收期。敲開豆莢就會有果實跳出來。

茴芹

別名／細葉芹、西洋茴香
日本名／茴香芹
科名／傘形科峨參屬
原產地／歐洲中部～亞洲西部

放在三明治上一起吃，能感受清爽的風味在嘴裡散開。

在法國是不可或缺的香草

茴芹、香芹、蝦夷蔥、龍蒿等切碎後混合的料理，在法國被稱為「細香料」，能提升各種料理的風味。

外型優雅、香味清新，最適合搭配肉類菜餚

法文為「cerfeuil」，是擁有水果般，清爽香味的香草。

茴芹富含胡蘿蔔素、維他命C、礦物質鎂等，被認為有解熱、促進血液循環的效果。

非常適合搭配魚、肉類料理的調味、蛋包的內料、與洋蔥或生奶油搭配的濃湯等，加在生菜沙拉也很美味；也可以將像蕾絲般美麗的花朵，點綴在沙拉或湯品上。

請注意當葉梗一旦立起來，葉子也會變硬。

根的利用

烤過後，根的部分就會跟芋頭一樣鬆軟美味。也是自家栽培的樂趣之一。

利用茴芹達到美肌

利用回芹代替乳霜，可以輕鬆除去肌膚髒汙，也能恢復緊緻預防皺紋，還能泡成茶、當作入浴劑使用。

具有排毒作用

促進血液流動的運作、排汗以及促進消化的效果。被認為是具有排毒（淨化）作用的香草。

栽培＋採收

直接播種、修剪採收
摘去葉梗能活得更久

播種

灑下種子約1～2個月即可採收。因不喜歡移植，建議在花盆內直接種植。種子的發芽率較差，建議多灑一點種子，等到苗與苗的葉子碰觸到時，再除去。早春與入秋之時就在市場上販售。

栽培環境

喜歡濕氣且肥沃的土壤。受到夏日強烈的光照，味道會增加，葉色也會變深，請在半日照的地方栽培。

採收

由於新葉從植株中心不斷長出的關係，就從外葉的莖部剪，取進行採收。初夏一開花結果時，植株就會枯萎，葉梗立起來時就進行修剪。

剪除莖梗

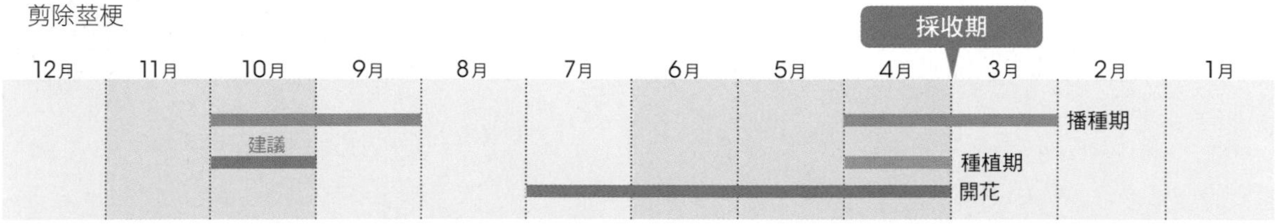

寶貝沙拉菜（Baby Leaf）

建議搭配重口味起司或藍莓起司

嫩葉蘋果沙拉

材料（2人份）

青蘋果…1/4個
嫩葉…1把
核桃…5克
鹽…少許
小紅莓（乾燥）…5克
紅酒…少許
喜歡的起司…適量
喜歡的沙拉醬
（見P42～44）…適量

做法

1 青蘋果先去籽處理，切成2～3公釐的薄片並泡過鹽水。
2 用清水仔細清洗嫩葉，核桃切成適口大小，小紅莓稍微灑過紅酒後輕微的搓揉後切薄。
3 起司磨成粗碎狀後與其他材料全部混合，最後淋上喜歡的沙拉醬汁。

好種又好吃、營養價值高的香草嫩葉

嫩葉——指的是香草或是青菜的嫩葉。將不同品種的葉類種子混合種植，就可以享受獨創的綜合嫩葉盆栽。

一般而言，在發芽後的淺幼葉，因為比起已長大的葉子養分還更集中，營養價值更高。不會因為切碎而損失營養價值，反而柔軟好咬可以吃下很多。

多以嫩葉萵苣、紅橡生菜為代表，其他像是芝麻菜、芥末葉、小松菜、羽衣甘藍、甜菜等也經常被使用。

哪種葉菜適合做生菜呢？

綠橡生菜、紅橡生菜、蘿蔓萵苣、菊苣、沙拉葉菜、芝麻菜、水菜、芥菜、日本高菜、壬生菜、小松菜、塌棵菜、苦苣、羽衣甘藍、菠菜、甜菜、小白菜、野苣、紫萵苣、羅勒、香芹等。選擇喜歡的香草或葉菜，試著混和種子做出獨創的綜合嫩葉沙拉吧！也可以自行決定做義大利風、法國風、和風等組合。

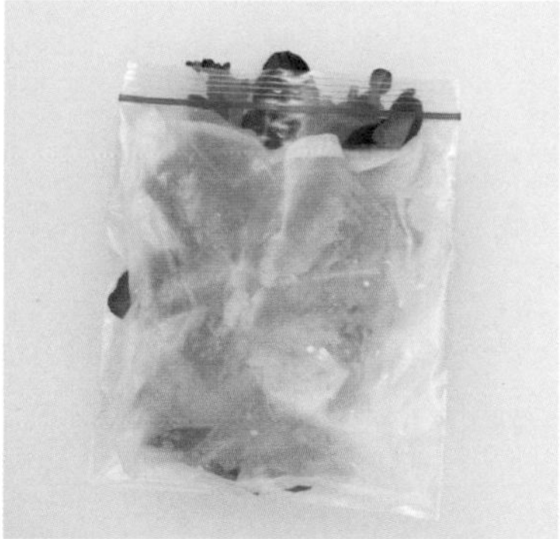

嫩葉的保存方法

準備一個大碗公，裝冷水並放入嫩葉，讓嫩葉充分吸收水分後排掉多餘水分，用餐紙巾包覆裝入夾鏈袋中放入冰箱的蔬果區冷藏。

栽培＋採收

播種後三個禮拜從春天到秋天都可以採收

播種

直接在盆內灑種，並覆上土壤蓋住種子，直到發芽前，都要注意保持土壤濕潤澆水。

修剪～採收

兩棵植株間，若葉子有重疊就要進行修剪，剪下的幼苗也可以做利用。葉子長到4～5公分時，留下中心的小葉苗，用剪刀修取外側的葉子採收。

栽培環境～肥料

在日照充足的地方栽培，待本葉長出後，進行兩週一次的施上液肥或緩效性肥料。

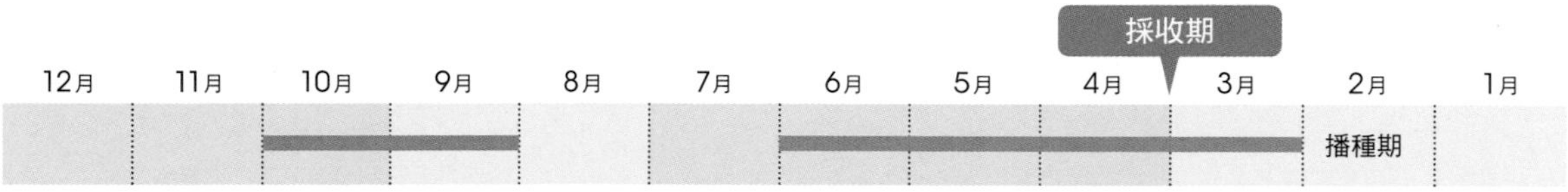

容易栽培的辛香蔬菜

什麼是辛香蔬菜？

可以消除魚、肉類的腥味，並透過其香氣帶出豐富滋味的稱做「辛香蔬菜」，其中也包含香草類。然而，芹菜與蔥等有香氣的蔬菜也有許多功效，也被視為「香草」，在料理中做為調味料使用的蔬菜，若能事先在盆栽裡種植，就非常方便取用，接下來就介紹容易栽培的蔬菜吧。

4種辛香蔬菜圖鑑

一起來種植具有功效的蔥類植物

01 紅蔥頭栽培

廣義的分類上，紅蔥頭指的是介於洋蔥與蔥之間的雜種，外觀像蔥一樣，由根部的球根（鱗莖）發育而成。溫暖地區多可以培育而成。

栽培

❶ 8～10月時，球根會分成2～3球，取下表面薄皮，種植時將球根的前端一部分露出土壤。

❷ 葉子長到約10公分時，開始進行每週一次適量的施肥。

❸ 葉子長到20～30公分時，剪取植株土壤往上4～5公分位置的葉子進行採收。請注意若是從土壤附近剪取採收的話，未來生長的葉子也會長得不好。當新葉再次成長後可進行第2次採收。

❹ 想在下個季節繼續種植，就要保存種球。當葉子成長，大約5月時，種球變的肥厚，葉子開始黃化就到了休眠期。拔開植株將土壤弄乾淨放在通風良好的陰涼處晾乾。

02 韭菜

很久以前在中國與日本就開始栽種韭菜。耐寒耐暑，只要發芽，當年就能進行好幾次的採收。

栽培

❶ 在盆栽內準備好蔬菜用的培養土。每年3月時，可在約5公分的間隔挖約1公分深的洞，並在裡面放入3～4顆種子。蓋上土壤，澆上足夠的水，放在溫暖的地方培育。

❷ 夏天會長到10公分左右的關係，可以在植株地方施一小搓的肥料。

❸ 長到20公分左右時，暫時可進行採收。約一個月左右會再次長出新芽之後可以在需要的長度採收。採收後也請不要忘記追肥。

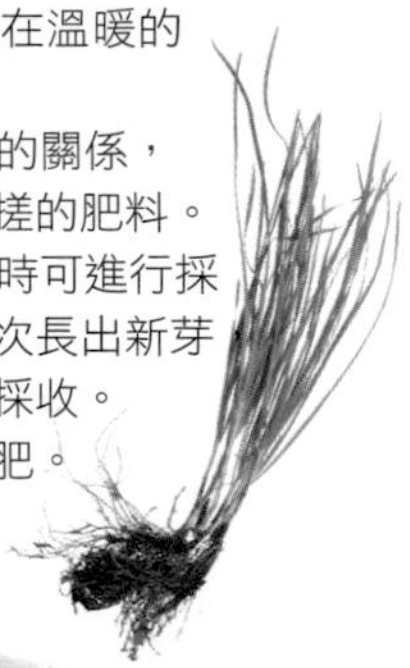

03 大蒜

原產於中亞，喜歡涼爽的氣候，稍微不耐熱，特殊的味道稱為「大蒜素」，具有殺菌、抗菌作用。對消除疲勞是非常有用的活力蔬菜。

栽培

❶ 被當作蔬菜在市場販賣的大蒜，因冷藏保存「抑制發芽」，並不適合當作種球。請準備在溫暖地區培育的園藝種球，或是盆栽苗進行栽培。

❷ 9月下旬～10月下旬準備較深的花盆，在蔬菜用的培養土裡混入2～3成的成熟堆肥。

❸ 解開一串串的種球，分成一片片的蒜瓣，芽朝上埋入5公分左右深度的土壤中種植。

❹ 5月下旬～6月下旬從植株根部拔起採收，並且不要重疊的排列風乾，之後吊掛在通風且明亮的陰涼處保管即可。

04 茗荷

薑的種類之一，只要種植一次，3～4年間不需多費力即能採收，是非常便利的辛香蔬菜。

栽培

❶ 準備好苗種（春天會在園藝店販售）與30公分以上深的花盆。並放入培養土。

❷ 挖7～8公分深的洞開始種植苗種。請注意芽的部份朝上。因為不喜乾燥的關係，請澆上足夠的水。

❸ 新芽從土壤冒出後，請在植株蓋上腐葉土與堆肥，並注意不要太乾燥。

❹ 一年先不進行採收，等到葉子茂密，植株也長得充實時，第二年後就能採收更多。

13道美味香草料理食譜

01 香草馬鈴薯沙丁魚捲

材料（2人份）

沙丁魚…4尾
鹽…1/2小匙
胡椒…1/2小匙
馬鈴薯沙拉…100克
沙拉…適量
搭配用香草（喜歡的）…適量

做法

1 沙丁魚洗淨去除內臟後攤開，兩面灑上鹽與胡椒。
2 用1包住馬鈴薯沙拉成捲，並用牙籤固定住。
3 平底鍋倒入橄欖油後熱鍋，將2放入邊煎邊翻動。整體外觀略有焦色時，蓋上鍋蓋以小火燜煮3～5分鐘。
4 取出牙籤後放上擺盤，並佐喜歡的香草搭配裝飾。

02 香菇辣椒醃漬

材料（2人份）

香菇…100克
柳松菇…100克
舞菇…100包
磨菇…200克
A 白酒醋…100毫升
　鹽…1/2小匙
　大蒜…1片
　水…200毫升
　芥末粒…1小匙
月桂葉…2片
橄欖油…100毫升

做法

1 香菇去柄並切成四片，柳松菇、舞菇切成小片，磨菇縱切成兩半。
2 鍋內放入A，煮滾後放入1，避免香菇浮起來，蓋上鍋蓋煮4～5分鐘。
3 準備玻璃罐，用熱水消毒後陰乾放入2，蓋上月桂葉與辣椒，並倒入2～3公分的橄欖油，蓋上蓋子醃漬1～2小時，再放入冰箱冷藏保存1個月即可。

03 秋葵生魚片薄荷沙拉

材料（2人份）

秋葵…8條
白肉魚生魚片…100克
A 薄荷（切細）…1大匙
　蒜泥…1片份
　檸檬汁…1大匙
　橄欖油…2大匙
　鹽…1/3小匙

做法

1 秋葵先去蒂並剝開。用鹽巴搓揉後過熱水並放涼。
2 從1取4條秋葵斜切5公厘寬，剩下的切碎與A混合攪拌做成沾醬。
3 斜切處理後的秋葵並排放入盤子，接著放生魚片，最上面覆上2的沾醬。

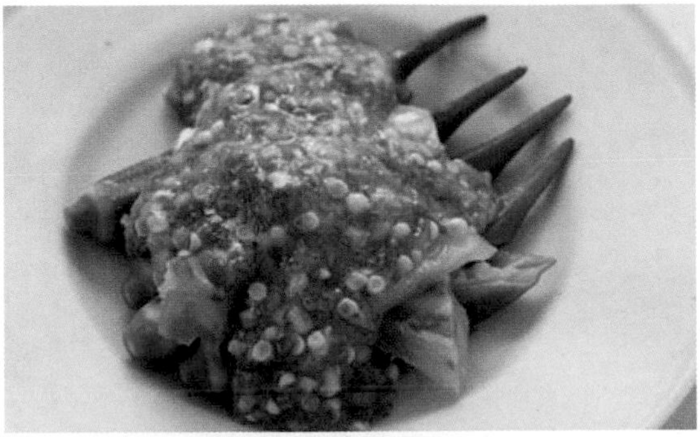

04 奧勒岡鯛魚燉飯

材料（容易料理的份量）

毛豆…100克（去殼）
鯛魚…1小片
米…1杯
A 熱水…600毫升
　高湯塊…2顆
奧勒岡…少許
大蒜切碎…片量
鹽、胡椒…各少許
起司粉…少許
橄欖油…適量

做法

1 毛豆氽燙過，取出豆子。加入A煮成湯。
2 平底鍋倒入橄欖油熱過，放入大蒜拌炒。稍微有點顏色時加入白米，以中火拌炒。
3 米炒熱後，將1的熱湯加入可以浸過米的量混合。湯一旦減少就再倒入，邊維持湯量，邊煮到米適當的軟硬度。加上鹽、胡椒調味，再加上毛豆。
4 平底鍋倒入橄欖油熱鍋，放入鯛魚油將兩面煎熟，再以鹽、胡椒調味。放上盛好3的盤子，放入奧勒岡的葉子。

05 香草檸檬西太公魚

材料（容易料理的份量）

西太公魚…15條
鹽…少許
洋蔥　1/4顆
紅椒…1/3個
檸檬…1/2個
紅辣椒…1根
A 醬油…2大匙
　味醂、醋…各1大匙
香草（百里香、茴香等）…適量
麵粉、沙拉油…各適量

做法

1 將西太公魚洗淨，抹上鹽巴瀝掉多餘水分。洋蔥與紅椒切薄片，檸檬切開一半再切成薄片。紅椒切成小片。
2 將A混合，加入1的蔬菜、檸檬、香草拌勻。
3 將1的西太公魚沾上麵粉，以180度的沙拉油油炸，並趁熱時放入2裡，約醃漬10分鐘即可。

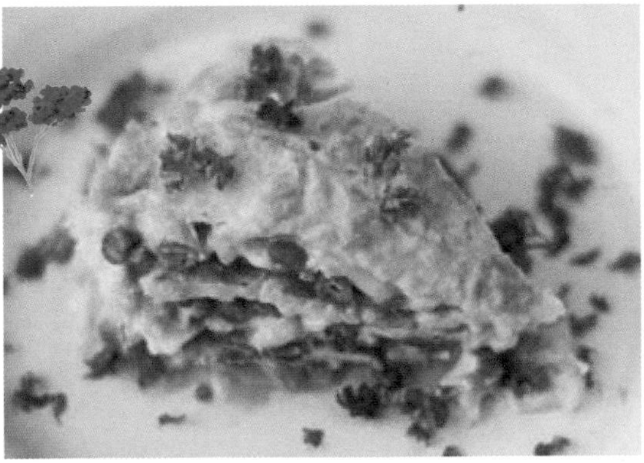

06 四季豆香芹起司蛋包

材料（2人份）

四季豆…6根
蛋…4顆
A 藍起司…30克
　牛奶、生奶油
　…各2大匙
沙拉油…少許
香芹…適量

做法

1 四季豆氽燙後切成3～4公分的長度。藍起司切成小塊。
2 打蛋攪拌，加入A與1混合。
3 平底鍋以沙拉油熱過，倒入2後用中火煎熟。煎到稍有焦色時折成一半，重疊切三等份，灑上切好的香芹即可。

09 香菜拌花椰菜的咖哩沙拉

材料（2人份）

花椰菜…1顆
馬鈴薯…1顆
番茄…1/4顆
咖哩醬（見P44）…3大匙
黑芝麻…適量
香菜…適量
鹽…適量
胡椒…適量

做法

1 花椰菜切成小塊水煮後瀝乾。馬鈴薯切成方便食用的大小，燙過後並瀝乾，灑上鹽與胡椒。
2 將所有材料拌入咖哩醬，適當加入切好的香菜、黑芝麻。

10 百里香菜豆貝殼義大利麵

材料（一盤份）

菜豆（罐裝）…120克
洋蔥…1/4顆
芹菜…1/2根
馬鈴薯…1顆
豬絞肉…50克
橄欖油…2大匙
水…4杯
月桂葉…1片
百里香…適量
鹽、胡椒…各適量
貝殼麵…80克
香芹…適量

做法

1 洋蔥、芹菜切成細碎，馬鈴薯切成2公分適口小塊。
2 橄欖油倒入鍋內熱鍋，先炒過豬絞肉呈散狀，加入洋蔥、芹菜炒到柔軟。
3 在2加入水、菜豆、百里香、馬鈴薯以及少許的鹽，並蓋上鍋蓋以小火燜煮30分鐘。
4 取出一半的菜豆用果汁機打成泥狀，在3裡放入貝殼麵煮到熟透。放入菜豆泥，灑上鹽、胡椒調味，最後灑上起司粉、香芹。

07 鼠尾草風味熱炒豬肉

材料（一盤份）

豬里肌肉…1片
沙拉油…適量
花椰菜（分小片）…3～4個
香芹…少許

A
洋蔥末…1個份
醬油…2大匙
醋…1大匙
砂糖…1大匙
芥末粒…1大匙
鼠尾草葉…2片

做法

1 豬肉拍軟斷筋加入A醃漬20～30分鐘。
2 平底鍋倒入沙拉油熱鍋，以中火煎豬肉，將兩面煎到有顏色時加入A，再以小火將肉煮熟。
3 裝入盤子，灑上切好的香芹，放上燙好的花椰菜即可。
＊洋蔥辛辣味較強，可先泡水後再使用。

08 紫蘇水菜拌飯

材料（容易料理份量）

紫蘇…10片
水菜…1袋
米…300克
酒…2大匙
鹽…1小匙

A
鹽…1小匙
細切昆布…10公分
梅干（去籽）…2顆
吻仔魚…30克

白芝麻…適量

做法

1 洗好米，瀝乾水分放30分鐘。將米與酒倒入電鍋，加上標準水量，再將A放入，依一般方式煮成白飯。
2 在白飯煮好前，將水菜切段，用鹽揉過排掉多餘水氣。紫蘇切絲狀。
3 將白飯裡的梅干攪碎、混合，並加入2與白芝麻混合拌勻。

11 香草蛤蠣燒

材料（2人份）

帶殼蛤蠣…10～12個
白酒…適量
鹽…少許
胡椒…少許
奶油…1/2大匙
麵粉…1/2杯
洋蔥碎末…1片分
喜歡的香草細末
（百里香、迷迭香、香芹等）
…2小匙

做法

1 平底鍋放入奶油與洋蔥，以小火拌炒稍有顏色時，加入麵粉與香草攪拌直到充分濕潤混合再關火。
2 倒入適量白酒蓋過蛤蠣，並蓋上鍋蓋。蛤蠣開口後再灑上鹽與胡椒。
3 將蛤蠣放入耐熱烤盤再倒1，並放入事先以180度預熱過的烤箱，將表面烤到上色。

13 嫩葉鯷魚沙拉

材料（一盤份）

嫩葉（波菜嫩葉）…1把
鯷魚…4尾
橄欖油…1小匙
鹽…少許
小紅梅（乾燥）…5克
紅酒…少許
起司粉…2大匙

做法

1 摘掉嫩葉（波菜嫩葉），並用清水洗淨。
2 鯷魚切成2公分大小，平底鍋以橄欖油熱鍋後，放入鯷魚炒到上色。
3 小紅梅灑上紅酒，稍為搓揉後切薄。
4 在1上灑鹽，混和所有的材料後灑上起司粉。

12 辣炒牛肉番薯

材料（一盤份）

番薯…1條
牛肉薄片…100克
A｜醬油、酒…各少許
　｜太白粉…少許
　｜薑碎末…少許
B｜砂糖、醬油、酒
　｜…各2小匙
沙拉油…2大匙
蝦夷蔥…適量

做法

1 先將番薯切成7～8公厘厚的半月型，並泡水避免氧化變色。牛肉切成一口的大小，並灑滿A。
2 平底鍋以沙拉油熱鍋後，再放入番薯，以小火炒熟。
3 將番薯放一邊，利用平底鍋中央以大火炒牛肉。
4 牛肉炒到變色後全部一起混合，並加入已混合好的B。完成時將切成小口的蝦夷蔥灑上。

21種風味香草沾醬食譜

01 法式醬汁

材料
醋…50～60 毫升
芥末粉…1 小匙
洋蔥（泥）…30 克
大蒜（泥）…少許
鹽…1 小匙
胡椒（白）…少許
沙拉油…200 毫升

做法
先將油以外的材料混合後，再一點一點加入沙拉油攪拌。

02 香草鯷魚醬

材料
鯷魚（切碎）…2 尾份
香芹或羅勒等喜歡的香草（切碎）…2 大匙
醋…3 大匙
鹽、胡椒…各少許
橄欖油…3 大匙

做法
先將油以外的材料混合後，再一點一點加入橄欖油攪拌。

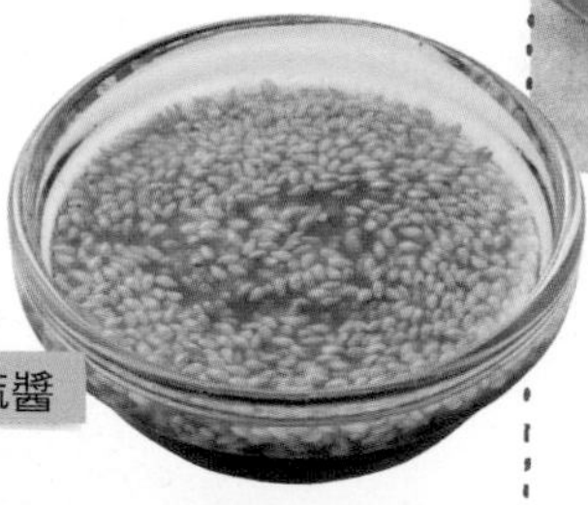

03 中式芝麻醬

材料
醋…2 大匙
醬油…1 大匙
砂糖…1 小匙
白芝麻…1 大匙
沙拉油…2 大匙
辣油…適量

做法
先將油以外的材料混合後，再一點一點加入橄欖油攪拌。

沙拉醬的做法

1 醋等水分加入鹽巴混和並溶解。
2 油一點一點地加入，並均勻攪拌。
使水分與油充分的混和，達濃稠狀即完成。

沙拉的做法

1 沿著葉菜的纖維，以手將葉菜撕成容易食用的大小。
2 撕下的葉菜放入大碗內充分的清洗。清洗時水底會沉澱泥土等髒汙，必須換過1～2 次的水洗淨，並放上篩子瀝乾。
3 使用蔬菜脫水機除掉多餘水分，或放在餐巾紙上吸走殘餘水氣。充分除掉水氣後，放入冷藏庫冷藏約30 分鐘，使蔬菜保鮮。
4 沙拉醬放入大碗內再加上3，並輕柔的用手混合。

油醋型沙拉醬

沙拉油、橄欖油、芝麻油為基底，做出美味的醬汁。

04 味噌芝麻醬

材料
洋蔥（泥）…1/3 顆
醋…1 小匙
鹽、胡椒…各少許
橄欖油…2 小匙
做法
先將油以外的材料混合後，再一點一點加入橄欖油攪拌。

05 洋蔥醬

材料
洋蔥（泥）…1/3 顆　鹽…少許
醋…1 小匙　胡椒…少許
橄欖油…2 小匙
做法
將所有材料一起混合。

06 咖哩醬

材料
咖哩粉…1 小匙　醋…4 大匙
醬油…1 小匙　胡椒…少許
沙拉油…1 大匙
做法
先將油以外的材料混合後，再一點一點加入沙拉油攪拌。

07 紅蘿蔔醬

材料
紅蘿蔔（泥）…1/2 根　鹽…1 小搓
醋…1 大匙　沙拉油…2 大匙
做法
先將油以外的材料混和後，再一點一點加入沙拉油攪拌。

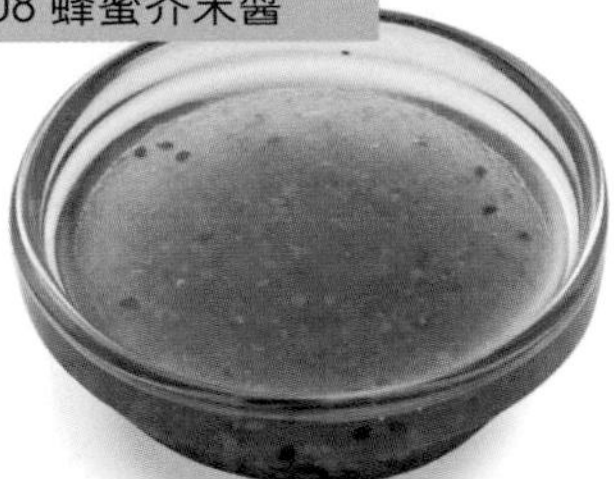

08 蜂蜜芥末醬

材料
蜂蜜…1 大匙　芥末粒…1 大匙
檸檬汁…1 大匙　橄欖油…3 大匙
做法
先將油以外的材料混合，再一點一點加入橄欖油攪拌。

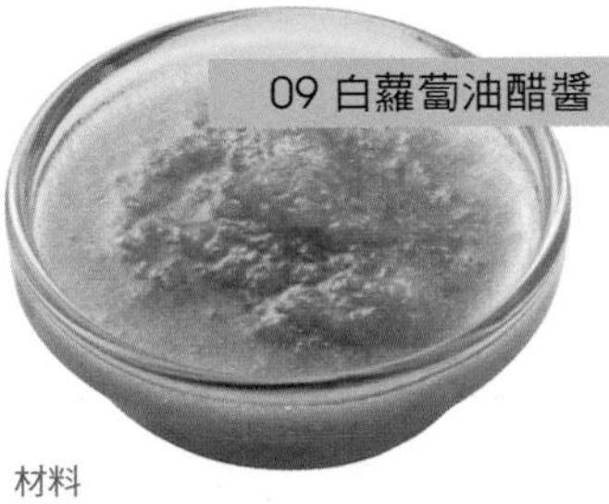

09 白蘿蔔油醋醬

材料
白蘿蔔…1/6 根　醋…1 大匙
醬油…1/2 大匙　鹽 胡椒…各少許
沙拉油…2 大匙
做法
白蘿蔔磨成泥後瀝乾除掉蘿蔔汁，將所有材料一起混合。

10 柴魚沾醬

材料
柴魚片…1/2 杯　白芝麻…2 大匙
醬油…3 大匙　砂糖…1 大匙
沙拉油…4 大匙
做法
先將油以外的材料混合後，再一點一點加入沙拉油攪拌。

11 青紫蘇醬

材料
青紫蘇（切碎）…20 片
醋…2 大匙　醬油…少許
鹽…1/2 小匙　沙拉油…3 大匙
芝麻油…1 小匙
做法
先將油以外的材料混合，再一點一點加入沙拉油、芝麻油攪拌。

12 蘋果檸檬醬

材料
蘋果（泥）…1/2 顆
洋蔥（泥）…1/2 顆
薑（泥）…1 片
檸檬汁…1 顆
薄鹽醬油…1 小匙
鹽、胡椒…各適量　橄欖油…1 大匙
做法
將所有材料一起混合。

奶油狀沙拉醬

利用美乃滋與乳製品製作
有濃稠度的沙拉醬汁。

13 芥末美乃滋

材料
美乃滋…5 大匙
醃芥末（切碎）…2 大匙
做法
將所有材料一起攪拌均勻。

14 黃瓜美乃滋

材料
美乃滋…5 大匙　小黃瓜…1 條
洋蔥…1/4 顆
做法
將小黃瓜與洋蔥磨成泥，並稍為除掉多餘的水分，最後與美乃滋一起充分攪拌均勻。

15 鯷魚美乃滋

材料
美乃滋…50 克　牛奶…1 大匙
鯷魚（切碎）2 條
洋蔥（切碎）…少許
酸豆（切碎）…8 顆
做法
將所有材料一起攪拌均勻。

16 味噌美乃滋

材料
味噌…1 大匙　砂糖…2 小匙
蛋黃…1 顆　美乃滋…5 大匙
做法
先將美乃滋以外的材料混合攪拌後，再加上美乃滋充分攪拌均勻。

17 豆漿美乃滋

材料
美乃滋…4 大匙　豆漿…2 大匙
白酒醋…1 小匙　蜂蜜…1/3 小匙
鹽、胡椒…各少許
做法
將所有材料一起攪拌均勻。

18 鮪魚塔塔醬

材料
美乃滋…5 大匙
鮪魚（罐頭）…30 克
生奶油、牛奶…各 2 小匙
酸豆（切碎）…1 小匙
洋蔥（切碎）…10 克
鹽、胡椒（白）…各少許
做法
將所有材料一起攪拌均勻。

19 凱薩優格醬

材料
美乃滋…2 大匙與 1/2 匙
鯷魚（切碎）…2 條份
起司粉…2 大匙
橄欖油、醋、原味優…各 1 大匙
洋蔥泥…1/2 片　胡椒…少許
做法
將所有材料一起攪拌均勻。

20 輕食起司醬

材料
奶油乳酪…2 大匙
原味優格…3 大匙
沙拉油、醋…各 1 大匙
檸檬汁…1 大匙
鹽、胡椒…各少許
做法
將所有材料一起攪拌均勻。

21 檸檬美乃滋

材料
檸檬汁…1 大匙　生奶油…40 毫升
鹽、胡椒…各少許　橄欖油…60 毫升
做法
將橄欖油以外的材料混合攪拌後，邊加入橄欖油，邊攪拌均勻。

一年生香草植物の
基本培育方法與重點

現在就想知道！

成功栽種香草的6個要領

1 土壤，要選擇優質成分

選用花盆或盆栽等，在有限制土壤量的地方栽培，土壤的「質」將是影響植物成長的重要關鍵。

可以使用市售香草用、蔬菜用的培養土。園藝店與購物中心，也有販賣非常多種類的土壤，了解不同的土質相當重要。

●腐葉土、堆肥

在花盆或盆栽等，有限制土壤量的栽培處，做好排水與保水使根部容易呼吸，是土壤改良材的功能之一。蛭石、發泡體、泥炭蘚等，也可以自由使用或是依功能目的組合分開使用。

●培養土

不僅土壤，也有為做好排水與保水而組合使用的土壤改良材。包裝上有「園藝用培養土」、「香草用土壤」、「蔬菜用園藝土壤」等各種標示，也請確認好內容再購買。

許多培養土內，多半含有稱為「基肥」的肥料成分。蔬菜用的土壤裡，因為加入1季（3~4個月）的培育肥料的關係，1季之後便需要追加肥料。

●赤玉土

代表性的園藝用土，也是排水性佳的土壤。混合了腐葉土等有機物，是為了能夠適合植物而作的混合培養土。

2 容器，要考慮植株大小

請先考量栽培種類的尺寸與性質後再來做選擇。例如，繁殖旺盛的多年生植物的薄荷等，因為根部會不斷成長，可選擇稍微較大的盆栽。植株長較高的植物則適合較深的盆栽。因此，選擇植物適合的盆栽，能幫助植物順利的生長。因應植物的生長而換盆，根部也能順利的發育。而剛開始若在太大的盆栽裡種植的話，容易發生過於潮溼的現象，也請特別小心注意。

●素燒的植物盆栽

土壤的水分會從盆栽表面蒸發的關係，適合用來種植喜好乾燥環境的香草。在夏天因為「氣化熱」關係，盆栽內的溫度會往下變化，也適合喜歡日照充足的薰衣草等植物。越大的盆栽也越重，也請將重量列入考慮之一。

●塑膠的花盆

即便放入相同量的土壤，也會比素燒盆栽還來的輕。因為保水的關係，適合常忘記澆水的人使用。近年來，塑膠花盆的設計與顏色越來越多樣，容易找到自己想要的。樹脂做的花盆，會因為紫外線關係而裂化，使用3年以上容易破裂。

HOME

3 澆水，要觀察土壤濕度

土壤表面乾的時候，給予水分是基本，但是了解植物的特性也很重要。可以從每天觀察葉子的變化著手，即使給水，也常有因為根部受傷而葉子沒有精神的狀況。

初學者失敗的原因，大多都是澆水過多。土壤長期處在濕潤的狀態下，容易造成根部無法呼吸而長不好。

如果是會淋到雨地方，請配合天候來澆水。在夏天的高溫期，也必須早晚澆2次水，務必要依環境、種類、生長狀況來做判斷。

4 施肥，以有機配合為佳

市售的培養土裡都含有一定的基礎肥料。如果是種植栽培時間較長的多年生植物與果樹等，每年都要增加幾次的追肥。而對初學者較容易處理的為「化學肥料」，較沒有強烈的味道。

「有機肥料」有油渣、骨粉等許多種類，反而在分解吸收上較花費時間，所以使用屬中間的「有機配合肥料」較為容易掌握。

而「液肥」雖然有即效性，但持續性較低的關係，需要定期的使用才有效果。

施肥雖然能使植物不斷的生長，但多次使用容易發生病蟲害，植物的香氣也會變得越來越淡，注意不要使用過多。

5 病蟲，一發現就要解決

一旦發現有病蟲害問題就需要立即解決，但香草屬於食材的關係，大部份的人都不會使用藥劑撲殺。

比方捕殺毛毛蟲等，因蟲多產卵在葉片背後，必須頻繁的檢查。蚜蟲的話，就請使用較大一點的刷具掃除。

若植物放在通風較差的環境，則容易有「白粉症」的問題，也請留意植栽的擺放位置。

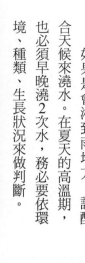

6 採收，待植株茂密為宜

邊栽培邊收成

香草須留意植株生長，以邊採收葉子的方式培育。在株苗時期就採收葉子的話，植物的生長也容易變得遲緩，要特別注意。

植株長得飽滿時，葉子茂盛可以不斷的摘取，也能繼續不斷的發芽。面對容易長得茂密的植株種類，請注意保持通風良好，不會濕熱的環境。並透過摘取下葉，避免生長過於擁擠。

現在就想知道！

順利養大香草的2大關鍵

市售的香草幼苗，
多養在小型的塑膠盆栽。
而這只是簡易的容器栽培，
最好盡可能早點移植。

1 選對幼苗，就已成功一半

請選擇葉片顏色鮮明，莖也穩定不易搖晃的幼苗。

長期放在賣場裡的植株，因為日照不足的關係而有徒長（植物的枝與莖的節間拉長）的情況。

根部也容易長出盆底的情形，要特別注意。

2 移植換盆，需掌握3步驟

①比起塑膠盆，請準備盆徑較大的花盆。

盆底因為有排水孔的關係，可以避免流出培養土，同時放入「花盆底網」，也有避免蟲害入侵的作用。

在花園裡種植的話，就請挖較大的洞，並放入堆肥等，來改良土壤。

②確認植物根部在塑膠盆裡的狀態。輕微的撥掉盆底的土壤，能使新長出的根很快習慣培養土。盆底的根若變成茶色，也請用剪刀剪掉再種植。

不過，對於直根性的香芹、香菜，請注意不要破壞在盆內的土壤狀態，直接種植即可。

③盆栽內放入一半的培養土並放入苗種。植株種植的位置，請在距離盆栽邊往下2～3公分處放入培養土。這樣能避免在澆水的時候土壤外流，而做一個保留水分的空間。

在花園種植時，植株的位置稍為再提高一些。而避免植株的水分外流也是其重點。

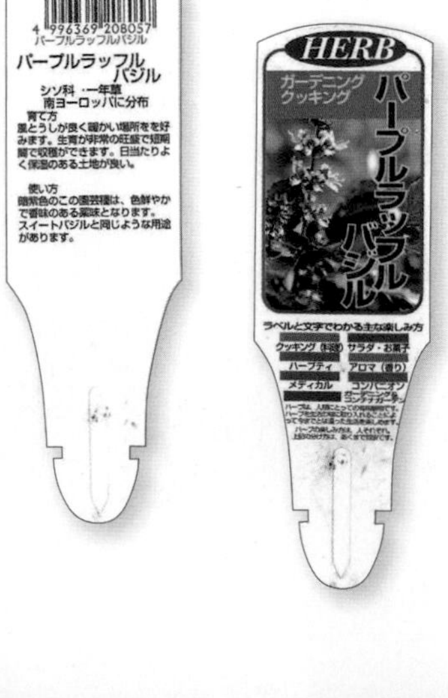

→標籤上會有栽培方法等重要資訊，也請務必妥善保管。

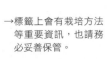

現在就想知道！

佈置香草盆栽的6種建議

可以使用任何喜愛的雜貨容器，
只要注意盆底有孔，
也能在盆栽以外的地方種植，享受栽培的種種樂趣。
現在就一起來打造既療癒又可愛的香草花園吧！

1 手感風紙杯盆栽

在播種種子時，利用紙杯非常方便，小苗即能種植。因為紙杯比較軟，可以套上透明的塑膠杯代替盆栽套，直接當成禮物。

2 透明感飲料杯盆栽

因為有多一層防水加工，方便用來種植。可自行選擇喜愛的圖案擺放。

3 工業風汽水罐盆栽

利用釘子鑽開，將底部打出排水孔。因為容易生鏽的關係，請注意避免長時間使用。

4 純白風優格杯盆栽

塑膠性質的容器較容易使用，多排列幾個植栽也很有趣。

5 優雅風藤籃盆栽

如果直接種植，水分容易流失，籃子內要加上塑膠內座。

而內座也必須事先打上好幾個孔。吊起來，或是使用吊籃也可以。

6 鄉村風木箱盆栽

為了提高防水性，塗上油漆或是膠後再開始使用。也可以集合許多的小盆栽再放入木箱內裝飾。

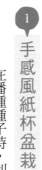

現在就想知道！

輕鬆繁殖香草的3個技法

成功培育植株後，
可利用插枝與分株繁殖株苗。

1 插枝法

「插枝」將莖插入土內使植物發根的方法，可說是成功率相當高的繁殖方法。

◎適合插枝的香草：迷迭香、羅勒、百里香……等。

●插枝的步驟

①新長出的莖前後留5公分左右並剪下（插枝）。立即插入水中，放置30分鐘。

②在盆栽裡（盆底沒有排水孔的容器也可以），準備插枝用的土壤（不用蛭石、專用土與肥料）。

③去掉插枝植物的下半部葉子。用竹籤在土壤挖出小洞，將插枝植物約一半的部分插入土壤中。

④將盆栽放在不會被陽光直射照到的地方，也請注意避免土壤乾燥妥善保管。經過1～2個月會長出根部，確認長出強壯的根後，再移植到一般的培養土裡。

2 分株法

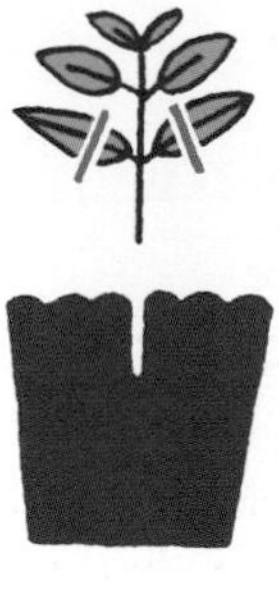

多年生植物的香草，可以持續幾年培養的關係，所以植株會不斷長大。若要分開植株，從較大的植株上分割，株苗的數量也會增加，並幫助生長。

◎適合分株的香草：檸檬草、蜜蜂花、薄荷、蝦夷蔥、小茴香……等。

●分株的步驟

①將植株從盆栽拔出。若根部生長過多而很難拔起的話，請輕輕的敲一下盆栽。

②根部交纏的部分，從旁邊用剪刀稍微的將根鬆開。兩手抓好植株，像撕開一樣進行分株。不能勉強拉拔，請自然在分開的位置撕開。這樣也能使兩邊的植株，都能長出新芽與新根，並修剪根部。

③種植分開的株苗時，請先放在半日照的地方直到長出新芽。

3 壓條法

將植物的枝條，壓埋入濕潤介質（土中）促使生根，再將此帶根之枝條切離母體，培育成單獨新個體。

◎適合壓條的香草：奧勒岡、藥用鼠尾草、百里香、薄荷、蜜蜂花……等。

●壓條的步驟

將枝與莖往地面壓倒，並讓它長出根部後蓋上土壤。為了固定壓倒的枝條，可使用U型夾或鐵絲等。為確認能夠長出根，請使用剪刀修剪移植。

現在就想知道！

酷暑與寒冬的香草養護法

在台灣四季分明。但對多數的香草而言，春天與秋天是最為容易成長的時期。必須好好準備，夏天避暑與冬天防寒的對策。

1 夏天的基本養護

要使香草能健康度過高溫潮溼的台灣，就要使植株生長環境保持通風。因此，請進行修剪枝條騰出空間吧。修剪時，請果斷的從地面往上約5公分處進行，植株的樣子修剪整理出完整的樹型。為了防止從地面反射，避免直接將盆栽放在地上，請多加利用階梯或花台等。

2 冬天的基本養護

隨著氣溫降低，植物的生長也變得緩慢。即便是耐寒的香草，也必須要注意霜害。土壤內若結成霜柱，一旦凍傷土壤，也會造成根部受傷枯萎。

在植株覆上小麥、玉米等禾本科農作物或腐葉土等有機質，植株全體蓋上防寒布（能做到防寒與防蟲的園藝用細網）幫助保溫。

蓋上塑膠布時，記得事先在布上開一個通風的孔，等待溫暖的中午再拿掉。

不耐寒的則是放在室內，並注意給水好好保護。

現在就想知道！

混和種植香草的2大秘訣

多數個植物種植在同一個花盆內，稱做為「混合種植」。

花開得漂亮與葉子顏色美麗的組合，常被用在料理或茶一起做搭配，並能享受其中的趣味。若沒有寬廣的栽培空間，集中種植也是其優點。

掌握注意植株的重點，一起享受混合種植的樂趣吧。

1 了解香草喜歡的環境

原本就很健康的香草，雖然不論在什麼樣的環境都能精神飽滿的成長，但其實每一種都有它喜歡的環境。有的喜歡直射陽光、或是喜歡半日照、也有在乾燥處長得較好、喜歡潮濕環境的；因此，特別在日照與給水方面來了解香草的特性。進而組合有相同喜好的植物，栽培管理上也能順利進行，混合種植時也能有朝氣的蓬勃成長。

◎喜歡乾燥的香草：洋甘菊、藥用鼠尾草、百里香、羅勒、小茴香、薰衣草、迷迭香等。

◎喜歡潮濕的香草：蜜蜂花、薄荷、紫蘇、香芹。

2 評估香草植栽的大小

盆苗的狀態即便小，但像羅勒也能很快就長大，薄荷也會四面八方的延伸。將這兩種一起種植的話，盆栽雖然很快就會變得豐富，但生長會變得歪七扭八。因此，建議決定混合種植前，先想像描繪未來生長姿態，再來考慮組合搭配。

像薄荷與蜜蜂花一樣根部較強的，就限定根的成長範圍，可以事先在別的盆栽種植再移株。單獨在每個盆栽種植時，也不會干擾其他香草的成長空間，並能方便管理。

PART 2

春發芽、冬枯萎の
多年生香草植物

PERENNIAL

什麼是「多年生香草植物」？

即使開花結果，也不會枯萎，隔年也能繼續生長的便稱為「多年生植物」或是「宿根草」。

在一年之中，葉子多半呈現綠色狀態，冬天時暴露在地上的部分會枯萎，但不管如何，一到春天便又會再次長出新芽。

多年生香草的分類

●耐寒香草

耐寒冷，也能夠在戶外度過冬天的，稱為「耐寒香草」。即便是依據栽培地域分類的耐寒香草，也會有無法度過嚴冬的情況發生。請一一確認香草的耐寒溫度，並做好對應。

◎薄荷、奧勒岡、藥用鼠尾草、蝦夷蔥、小茴香、蜜蜂花等。

●不耐寒香草／半耐寒香草

對寒冷較無法承受，氣溫低的時期，必須放在室內的稱作「不耐寒植香草」，如果做好耐寒對策，也能在戶外度過冬天的，稱作「半耐寒香草」。

◎蘆薈、檸檬草、薑等。

探心理・玩耍力・知識力・輕科普
創造屬於自己的美好生活

樂育兒・好教養・綠手指・養寵物
日常生活中的幸福時光

自癒力・享健康・不老化・遠疾病
天天打造驚人的自癒奇蹟

好書出版・精銳盡出

台灣廣廈國際書版集團
Taiwan Mansion Cultural & Creative

BOOK GUIDE

2023 生活情報・春季號 01

知・識・力・量・大

台灣廣廈　瑞麗美人　蘋果屋 APPLE HOUSE
紙印良品　美藝學苑

＊書籍定價以書本封底條碼為準

地址：中和區中山路2段359巷7號2樓
電話：02-2225-5777*310；105
傳真：02-2225-8052
E-mail：TaiwanMansion@booknews.com.tw
總代理：知遠文化事業有限公司
郵政劃撥：18788328
戶名：台灣廣廈有聲圖書有限公司

追時尚・學穿搭・漸健美・愛瘦身
打造理想中的魅力自我

瘋美食・玩廚房・品滋味・樂生活
尋找專屬自己的味覺所在

NEW

散步新東京

9大必去地區×158個朝聖熱點，內行人寫給你的「最新旅遊地圖情報誌」

作者／杉浦爽　定價／399元　出版社／蘋果屋

東京，那個你每年都想去的城市，現在變成了什麼樣子呢？在地人氣插畫家用1000張以上手繪插圖，帶你重新探索這個古老又新潮的魅力城市！悶了這麼久，趕快來計畫一場東京小旅行吧！

初學者的自然系花草刺繡【全圖解】

應用22種基礎針法，繡出優雅的花卉平面繡與立體繡作品（附QR CODE教學影片＋原寸繡圖）

作者／張美娜　定價／550元　出版社／蘋果屋

定格全圖解＋實境示範影片，打造最清晰易懂的花草刺繡入門書！收錄5種主題色×32款刺繡作品，從繡一朵單色小花開始，練習繡出繽紛的花束、花環與花籃！

NEW

一體成型！輪針編織入門書

20個基礎技巧×3種百搭款式，輕鬆編出「Top-down knit」韓系簡約風上衣【附QR碼示範影片】

作者／金寶謙　定價／499元　出版社／蘋果屋

從領口一路織到衣襬就完成！慵懶時髦的高領手織毛衣、澎袖手織漁夫毛衣、舒適馬海毛開襟衫……超人氣編織老師金寶謙，帶你從基礎開始，一步一步做出自己的專屬手織服！

暢銷

【全圖解】初學者の鉤織入門BOOK

只要9種鉤針編織法就能完成23款實用又可愛的生活小物（附QR code教學影片）

作者／金倫廷　定價／450元　出版社／蘋果屋

韓國各大企業、百貨、手作刊物競相邀約開課與合作，被稱為「鉤織老師們的老師」、人氣NO.1的露西老師，集結多年豐富教學經驗，以初學者角度設計的鉤織基礎書，讓你一邊學習編織技巧，一邊就做出可愛又實用的風格小物！

暢銷

真正用得到！基礎縫紉書

手縫×機縫×刺繡一次學會在家就能修改衣褲、製作托特包等風格小物

作者／羽田美香、加藤優香　定價／380元　出版社／蘋果屋

專為初學者設計，帶你從零開始熟習材料、打好基礎到精通活用！自己完成各式生活衣物縫補、手作出獨特布料小物。

幼苗的選擇方法

多年生植物的香草苗種，多半在早春就在市場上販售。在品種齊全的店面，可以選擇枝條外觀完整的苗種。尤其有精神的枝條上，長出許多鮮豔葉子的苗種最佳。

如果是土壤結塊，表面還長出青苔，則是長時間在塑膠盆內管理的苗種。

其中，也有根部生長過剩的情況則不建議購買，也請仔細研究後再選購。購買後，也請盡快移植到較大的盆栽內。

●種植時的注意事項

從盆內取出的苗種，因為夾雜很多細鬚根，如果有底部細鬚根部分結塊變硬的情況，請先除掉變硬的部分，大約破壞根的三分之一後再種植，幫助有生命力的新根順利生長。

●每1～2年進行移植

在盆栽種植的香草經過1～2年根部的生長，盆內會結得非常的多。必須定期換盆，並注意根部保持清爽。

換盆時，建議改換種植在較大的盆栽，若不想換大一點的盆栽，稍微破壞根部，並仔細的整理一番後，再使用新的土壤，換盆栽種植香草。

薄荷

別名／薄荷
日本名／薄
科名／唇形科薄荷屬
原產地／北半球溫帶區

薄荷茶的利用方法 ①

薄荷茶煮完後，放涼後可淋在冰淇淋上，更顯爽口。也可搭配紅豆餡等的日式甜點食用，非常適合。製作果凍或冰沙時加入可增添香氣，或是加在橘子、葡萄柚果汁也非常好喝。

薄荷茶的利用方法 ②

薄荷茶煮熟放涼後，沾在化妝棉上敷於日曬後的肌膚，能夠舒緩灼熱感；在戶外活動，也有驅趕蚊蟲黑蠅的效果。此外，薄荷有殺菌除臭的效果，能擦拭於地板，或是裝在噴霧瓶，噴灑在鞋子、花園等。

薄荷風味的冰塊

將薄荷葉製作成冰塊，看起來清涼可口。也可將較濃的薄荷茶冷凍起來，在炎夏好好享受。

沁涼用途廣，新手入門最佳選擇

薄荷香草因沁涼香氣而被廣泛使用，以牙膏、糖果等的綠薄荷與胡椒薄荷，以及具有蘋果香的蘋果薄荷為多，其種類就超過600種以上。

不僅繁殖力強、容易培養外，用途也很廣泛，是最適合培育香草的新手入門款。

常用在裝飾甜點飲料上，或加入沙拉，以及在其他的香草茶裡少量加入，都能提升整體的風味，變得更加美味。薄荷茶也能幫助消解腹脹與便祕。

薄荷醬的做法

摘下新鮮薄荷葉切碎，加入優格與鹽巴，即為印度風味醬料。依喜好加入檸檬汁、青辣椒或大蒜也可以。因為醬汁口味較清爽的關係，與油炸、烤肉等非常搭配。

當收穫豐盛時

新鮮薄荷用繩子綁成一束，放進浴缸泡澡具有放鬆的效果。即使風乾後香氣也不會改變，也可以放入小布袋內做成香包。

完成料理後灑上薄荷變成清爽風味

香煎大黃瓜佐薄荷葉

材料（2人份）

大黃瓜…2條
大蒜…1/2片
橄欖油…1小匙
義大利酒醋…1小匙
鹽…1小匙
胡椒…1小匙

做法

1. 將大黃瓜縱切約0.5公分寬，大蒜拍碎。
2. 平底鍋以橄欖油熱鍋後，放入大蒜拌炒到有顏色時，加入大黃瓜下去煎。直到大黃瓜兩面煎到上色時，加入鹽與胡椒調味。
3. 完成後進行裝盤，並灑上義大利酒醋以及薄荷葉即完成。

栽培＋採收

重點在於控制不斷成長的株苗

種植

因生長茂盛的關係，請在約直徑24公分的盆栽內種植。種植在地上的話，可將植株間距離拉開，或是避免植株橫向生長，建議先在直徑30公分左右的盆栽內種植後再埋入地面。

收穫～整理枝條

從莖部摘取有香氣且柔嫩的嫩葉來利用。可幫助側芽的生長，增加枝葉，並生長成茂密的姿態。

摘芽～插枝

夏天容易悶熱，一旦開花便會消耗植株，各莖上留下2～3片葉子其餘剪下。取下的莖可以用來插枝。請剪掉貼近地面枯萎的部分，幫助生長出新的莖葉吧。

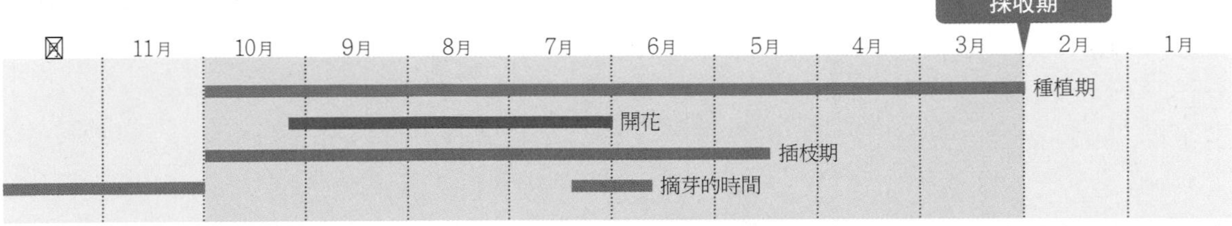

建議採收時期：6月下旬到7月上旬（在香氣強的開花之前）

20 種薄荷品種圖鑑

請在眾多品種中，找到自己喜愛的種植。

01 涼薄荷

最常用在口香糖或牙膏等而有名的薄荷。葉子為尖尖的蛋形，邊緣呈現鋸齒狀。一年之中都能享受清涼感的香氣。草高約30～40公分。

02 北方薄荷

是日本薄荷中的荷蘭薄荷與黑胡椒薄荷交配的品種。含有較多的「薄荷醇」，葉子可用在肉類料理的醬汁、添加在甜點可提升香氣。被廣泛運用在薄荷茶、薄荷浴。別名「北斗」。

03 貓薄荷

葉子呈心型，邊緣帶有稍圓的鋸齒狀。初夏至秋季，1 片葉子會開出 3 朵深紫色的花。香氣強且帶甜。不屬薄荷而是類似薄荷且散發貓咪喜歡的香氣而得名。草高20～80公分。

04 胡椒薄荷

最常運用在口香糖、甜點、飲料、化粧品、牙膏等日常用品，是香草裡最深入於生活中的品種。因為含有較多的「薄荷醇」，能夠使人瞬間清醒的清涼感。不僅與料理、香草茶、餅乾的裝飾相當搭配外，還可以用於乾燥芳香花、薄荷浴、花園、精油等。
別名「西洋薄荷」。

05 綠薄荷

與胡椒薄荷並列的代表性薄荷。葉子沒有鬚且顏色也是較亮的綠色。清涼感中還帶有甜味的香氣。
薄荷種類中，最常被用在料理、餅乾增添香氣，是利用範圍非常廣泛的薄荷。

06 捲曲薄荷

葉子邊緣呈現銳利的鋸齒狀且捲縮，別名被稱做縮葉薄荷。會開出圓筒狀的淡藍紫色的可愛小花。帶有如綠薄荷般的甜味，可廣泛利用於香草茶或做為料理用的辛香料。摘下後風乾的葉子也可用在魚、肉料理、香草茶、醋、沙拉等食用。日本名為「卷薄荷」。草高約60公分。

07 白胡椒薄荷

莖呈現鮮艷綠色的胡椒薄荷。夏天到秋天可以享受開花的樂趣。廣泛的利用在香草茶、香草浴、乾燥芳香花、料理裝飾等。草高約30～50公分。

08 英國薄荷

在薄荷之中，沒有草腥味的香氣，建議利用在香草茶、冰品、果汁等裝飾。葉子稍黑，還會結出淡桃紅顏色的花。

09 檸檬薄荷

在莫吉托雞尾酒（Mojito）的發源地古巴，檸檬薄荷是最常被運用在飲料中，更是大文豪海明威最愛飲品。它擁有其他薄荷沒有的獨特風味，且繁殖力茂盛的關係，初學者也能簡單的栽培。

17 古龍薄荷

會開出藍紫色的圓型穗狀的花。輕觸葉子就能聞到香檸檬與柑橘般的柑橘系迷人的香味。在薄荷之中具有強烈的香氣。被廣泛的利用在沙拉的點綴顏色與香草茶，以及染色或香草浴等。草高30～50公分。

18 薑味薄荷

新葉上會有漂亮的黃色斑點，依栽培環境不同也可能不會長出斑點。會釋放薑的香氣。

19 薰衣草薄荷

薰衣草般的清涼感強烈的香氣與味道是其特徵。

20 科西嘉薄荷

喜歡日照的地方。薄荷中最小的地被性薄荷（苔狀），且具有強烈的香氣。花很小不顯眼。草高只有1～3公分，不用來入菜而是觀賞用，建議種植於地上，覆蓋地表，能夠聞香。

14 葡萄柚薄荷

植株整體佈滿絨毛，綠色的葉子呈現鋸齒狀，是姿態優美的薄荷。葉子有葡萄柚的香氣，還會開出淡紫色的可愛小花。草高30～50公分。

15 柑橘薄荷

擁有柑橘香味的葉子，用在香草茶或乾燥芳香花，可更享受其香味。摘取葉子風乾後再做使用。料理、香草茶、餅乾等裝飾也是非常適合的品種。草高20～30公分。

16 薄荷

外型如大型的蘋果薄荷。特徵是植株整體有絨毛以及圓圓的葉子。因為有蘋果般的柔和香氣，可用於香草料理、香草茶、乾燥芳香花等享受。

10 蘋果薄荷

混和蘋果與薄荷香氣的人氣品種。長有白色絨毛的圓葉子。用在香草浴上的話，不要直接放入浴缸，請改放入布袋（也可以找圖騰少的布包代替使用）等內，並吊在水龍頭旁邊。入浴時在浴缸中輕輕的揉袋子，就能散發出香氣。也可運用在魚料理、肉類料理、蛋料理、果凍、飲料、沙拉、醬汁、油醋等。草高約40～50公分。

11 鳳梨薄荷

是蘋果薄荷的一種，特徵是具有鳳梨的甜味。葉子上有奶油色的漂亮斑點。生命力強且具耐寒性，不管在哪都能種植。主要種植在老人介護設施與大型花園裡做為觀賞用。草高約30～60公分。

12 香蕉薄荷

因具有香蕉的香氣而被稱做香蕉薄荷。葉子為柔和的深綠色。花呈現球型且帶粉紅色。建議活用其香味在香草茶或餅乾。

13 唇萼薄荷

因為地被性，做為覆蓋地表有香氣的草坪來使用。強烈的味道被認為具有防蟲效果。花的顏色為淡紫色。草高15～30公分。

奧勒岡

別名／野生牛至
日本名／花薄荷
科名／唇形科牛至屬
原產地／歐洲

與肉類非常搭配，加在番茄肉醬內更能提升風味。

奧勒岡的花朵

花與葉香氣濃郁，醃魚配肉都很讚

在古希臘，被做為牙痛與傷口的治療藥草。奧勒岡茶可以促進消化與舒緩發炎，對呼吸系統的問題與頭痛，都能有良好的改善。

比起新鮮葉子，風乾後的香氣更佳，粉紅色的小花香氣更濃郁，也可以用來做乾燥花、花圈與香氛袋。此外，它外型小巧美麗，奧勒岡花也做為觀賞用。

除了可用在肉類料理的去腥臭味外；也可以混和在炸物的麵衣裡，或在燉煮番茄料理中，做為辛香料使用的必備香草。與起司料理的搭配也相當出眾。

奧勒岡油與奧勒岡醋醬

將奧勒岡浸泡油，加在義大利麵、披薩、番茄醬汁、或沾炸馬鈴薯增添風味。奧勒岡醋醬則是適合搭配簡單的番茄披薩與烤蔬菜。

奧勒岡的品種

黃金奧勒岡：花是明亮的黃綠色。小型綠奧勒岡：香氣特別強烈的品種，適合做番茄料理。

香草風味的番茄醬

牛番茄水煮後過濾。以平底鍋開中大火，將番茄水分煮乾後，加入洋蔥泥、大蒜泥後再以小火煮至稠狀。接著，放砂糖、鹽、胡椒、白酒醋、多香果粉、肉桂棒、丁香、奧勒岡煮至融合。關火後，取出肉桂棒、丁香、奧勒岡後，即完成香草風味的番茄醬。

觀賞用「肯特奧勒岡」

苞葉帶有粉紅色，看起來就像花瓣。

自己做奧勒岡鹽

利用風乾後的切細碎奧勒岡與鹽巴混和來製作奧勒岡鹽。可用來醃漬魚或肉，或是加入沙拉醬等提味。

栽培＋採收

避免植株悶熱 要勤快的採收、培育

種植

因為成長茂盛的關係，植株會攀爬擴展。盆栽建議使用直徑24公分的尺寸，在地上直接種植的話，請將株間距離拉開。修剪苗的莖後種植，植株很快又長得茂密。

分株～插枝

根莖會橫向生長不斷擴張，盆栽種植需每年換盆，在地上直接種植，每2～3年就進行分株。從莖節開始也會長出根，用剪下的莖來插枝也很簡單。

摘芯～採收～修剪

摘除前端的芽（摘芯），側芽生長後會長出莖葉。採收時邊整理草的形狀姿態，也在梅雨季前進行修剪避免植株悶熱。

＊插枝，是剪掉從節長出根的部分進行插枝。分株，是將盆栽種植的盆根分成一半。

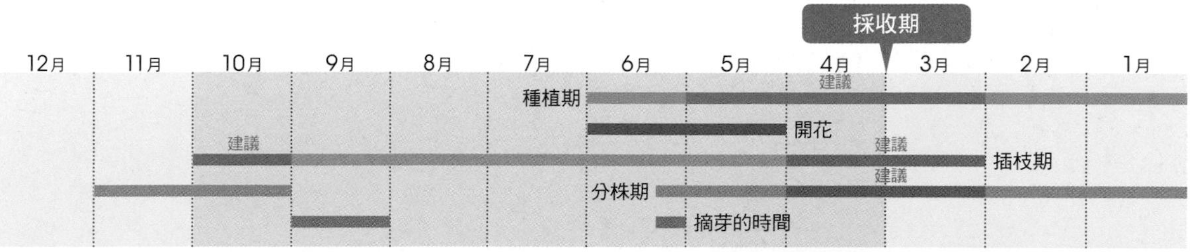

建議的採收期間：5～6月開花前的香味最為濃郁。

蘆薈

日本名／蘆薈
科名／黃脂木科蘆薈屬
原產地／美國、馬達加斯加、阿拉伯半島

具獨特藥效，能緩和日曬與燒燙傷

在美國與馬達加斯加，約有500種的野生多肉植物，葉子裡有果凍狀的葉肉；在日本的「木立蘆薈」，從以前就與民間療法中被作為藥材使用流傳，葉肉中豐富的維他命與礦物質具有抗氧化作用，蘆薈裡含有「蘆薈素」具有抑制細菌、增殖能力佳，被認為可防止燒燙傷後的疤痕增長症。

另外，蘆薈屬熱帶植物，冬天時喜歡日照良好的室內，不怕乾燥、生病、蟲害，初學者也能夠順利培育。

常被使用在優格等的，為大型且苦味較少的「翠綠蘆薈」。

處理木立蘆薈的方法

從根部剪下葉子後，用海綿仔細洗淨。擦乾水氣後，再用菜刀將兩面的刺除掉。再用保鮮膜包好放進冰箱冷藏。

糖漿醃漬蘆薈

葉肉雖然可以直接沾醬油吃，但因為有獨特的苦味的關係，建議切成塊，加入砂糖熬煮成糖漿醃漬蘆薈。或可加入優格或水果調酒食用。

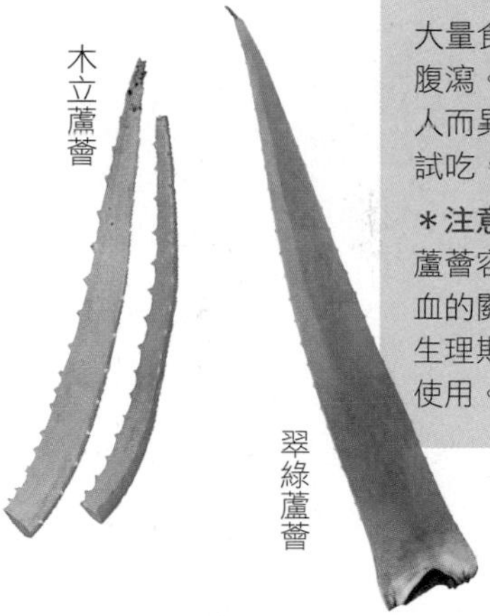

不宜吃過多！

大量食用蘆薈，容易腹瀉。適量的程度因人而異，剛開始少量試吃，再觀察看看。

＊注意事項

蘆薈容易引起子宮出血的關係，懷孕中或生理期中請絕對不要使用。

栽培＋採收

不需擔心澆水
在氣候溫暖的地方
也可直接種在地上

種植

木立蘆薈只要在氣溫5度以上，就能度過冬天，可以種植在不會有霜降的溫暖庭園。如果是種植在盆栽中，選用與苗的直徑同樣尺寸的盆栽即可。沒有根的切苗，種植約10天不要給水。

澆水

耐乾燥，種植在屋外盆栽的話也幾乎不需要澆水。梅雨等或是因為長時間下雨而變得太過潮濕，就請拿到屋簷下避雨。

重新培養～換盆

剪取下葉而變的不平衡的植株，剪去上部30公分左右後，側芽能得到生長，長出新葉。剪取的前端可以用來插枝。盆栽種植，每1～2年請進行換盆。

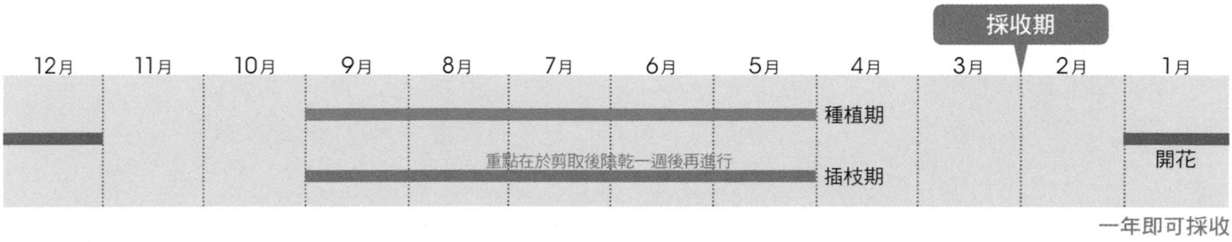

3種常見蘆薈的吃法與用法

蘆薈因具有整腸作用、燒燙傷、蚊蟲咬傷、宿醉等效能，從以前被當作民間藥材來使用的蘆薈，甚至被稱為「使醫生哭泣」「不需要醫生」的程度。

雖然蘆薈被確認具有藥效成分，但因為會引起子宮收縮、骨盆充血的關係，懷孕婦女須避免使用，生理期、哺乳階段都必須小心注意。

1 做料理的翠綠蘆薈

去皮後內側的葉肉（果凍狀部分），沒有像木立蘆薈般的苦味。

但市售的蘆薈，因保存的關係，外皮含有「蘆薈素」的成分，可能會溶於葉肉，而感覺到苦味。

●生吃

生吃翠綠蘆薈的葉肉非常健康。請不要加熱處理，食用新鮮的生葉肉最佳。

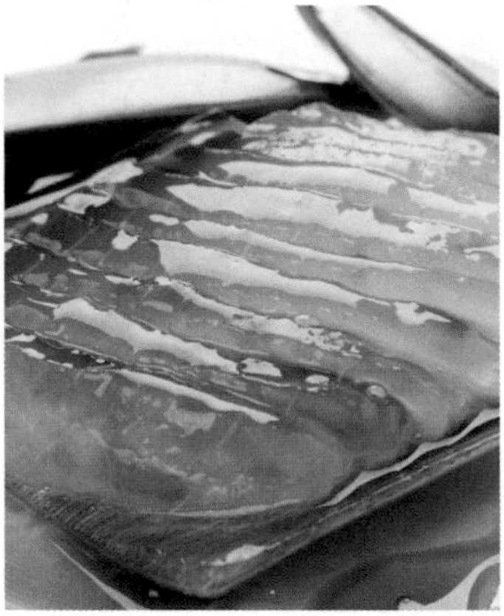

●做沙拉食用

不管什麼食材都能不受影響的搭配。滑溜溜的口感也是其特色。

2 健胃整腸的木立蘆薈

木立蘆薈的綠葉部分，富含可消解便祕等功用的蘆薈素。連皮吃下苦味較重，靠近根部地方更苦。

雖被指出具有排解便祕的優點，但也請注意食用過多，也會造成腹瀉的狀況。

●蘆薈酒

蘆薈酒被認為可以治療便祕與緩和手腳冰冷，可以作為保健酒飲用。

但糖尿病、高血壓與肝病的患者需嚴禁飲酒。

●蘆薈酒的做法

①將蘆薈生葉100克仔細用清水洗淨，除去兩面的刺，切成1公分寬。

②將蘆薈與白酒1杯、冰糖約50克放入廣口瓶，拴緊瓶蓋並放到陰暗處保存。

待蘆薈葉轉為茶色後再取出，便可以直接繼續保存。

翠綠蘆薈

3 用於美容的綠蘆薈

綠蘆薈也用於化粧品、入浴劑、頭髮護理等。

蘆薈的成分因為吸水性好，主要作用為保濕。也有以肌膚緊緻與預防紫外線的功能。

此外，蘆薈含有助預防黑色素沉澱、以及發紺（蒼藍症）造成的黑斑與雀斑；而且有很好的殺菌效果。

●蘆薈水功效

利用蘆薈水敷臉，可促進肌膚新陳代謝，與因日曬等造成的水分與油分不足，也被認為對細紋與黑斑有效果。

將乾面膜浸濕在蘆薈水，即可敷臉使用。

●做法

蘆薈皮的成分較刺激，一般只取出果凍的部分。將蘆薈凍，用乾淨的棉布擰乾，加入與其液體相同量的蒸餾水混合即完成。

必須放入冰箱冷藏，請在1週左右內使用完畢，如果液體變色的話，一定要停止使用。

●蘆薈浴

切好的葉子裝入布袋並放入浴缸，即可享受簡單的蘆薈浴。肌膚脆弱的人，請先在皮膚的一小部分做敏感測試。

蝦夷蔥

別名／小蔥、香蔥、西洋淺蔥、細香蔥

科名／蔥科（百合科）蔥屬

原產地／歐洲、西伯利亞

切細冷凍

將蝦夷蔥切細冷凍保存，可作為辛香料使用的重要食材。

與其他植物混種，可預防蟲害

將蝦夷蔥與玫瑰或蔬菜一起種植，蝦夷蔥的香氣可避免害蟲接近其他植栽，植物也能因此健康成長。蝦夷蔥也是家庭菜園裡不可或缺的香草之一。

顏色與氣息皆美，搭配白肉尤佳

是青蔥的同類，但香氣比青蔥更為沉穩，在法國是常用的香草。富含維他命A、C、鐵質等，以及「有機硫化物」一香味成分。

有機硫化物與含維他命B1的食材一同食用，也能提高疲勞恢復效果。與雞肉、白肉魚等，或是與起司、奶油、生奶油等乳製品一同搭配更佳。

最常見是以切細作為辛香料使用，與其他香草也很好搭配，建議與圓滾滾的可愛小花一同灑上沙拉。

花的使用方法

蝦夷蔥的小花多數集結而成球狀。灑上料理時可一片片的分開後再使用。

馬鈴薯冷湯裡不可或缺

在法國被稱為「細香蔥」，是最有人氣的香草。在冷湯上也是不可或缺的一角，不僅添加湯品色彩也能帶出風味。

白花種

揉入起司或奶油

可以揉入切細的起司，塗在法國麵包或蘇打餅上成為一道下酒小菜。蝦夷蔥奶油加上蒸好的馬鈴薯更是絕品。也推薦可自製美味的香蔥美乃滋。

栽培＋採收

修剪後長出新芽 並透過分株整理外型

種植

集合5～6株細苗一起種植，能夠生長的健康良好。較大一點的苗株，葉子與根部切成兩邊，大約一半的量開始種植。種植於地面的話，株間請保留20公分左右。

澆水～過冬

不耐乾，若缺水時葉子便會枯萎變色。土壤表面稍乾的話，請記得澆上足夠的水分。冬天時暴露在地面上的部分即使枯掉，根部仍會繼續成長，乾枯時請記得持續澆水。

採收～分株

葉子長度達到20公分的話，請剪取地面往上2～3公分使用。適當剪取，能夠幫助長出新葉。株苗若混在一起會長的較不健康，盆栽種植時每年都需要移植，種在地上，約每2～3年進行分株。

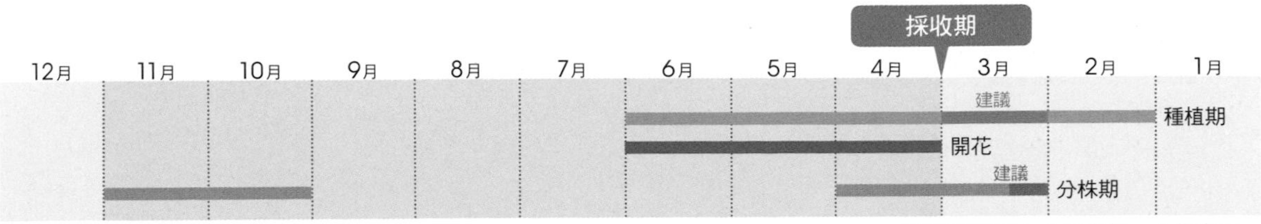

建議採收期：4月中旬～5月中旬。

檸檬香蜂草

別名／香蜂草、蜜蜂花
日本名／西洋山薄荷
科名／唇形科蜜蜂花屬
原產地／南歐

莖的部分含有苦味，葉子可泡茶飲用，相當清爽。

散發檸檬香，泡茶做甜點都適合

因檸檬香蜂草的白色小花裡含有花蜜，能夠吸引蜜蜂靠近，而被取為學名「Melissa」，在希臘語中代表蜜蜂的意思。

被認為有助活腦與強壯，也被稱為「回春香草」。如薄荷般的葉子帶有檸檬清香，可做香草茶、入浴劑、料理的提味等用途。檸檬香蜂草可加入伏特加或燒酒，作為蚊蟲咬傷後的止癢液，並抑制雜菌的繁殖。其生長繁殖力強，幾乎不需費心就能培育長大的香草。

緩解煩悶時的檸檬香草茶

心情消沉、煩躁時，飲用檸檬香草茶便能安定情緒。且改善高血壓也有效果。

糖漬檸檬葉

以砂糖醃漬能夠延長保存時間。適合直接當零嘴、或加入紅茶內或揉入麵糰烤成餅乾。

製作甜點的秘技

製作甜點時，在溶解吉利丁階段，可加入數片檸檬香蜂草提升香氣。製作卡士達醬時加入，口感更清爽。

栽培＋採收

邊摘芽邊培育 一年四季都能收獲豐盛

種植

生育茂盛的關係，所以地面種植時，株間距離請保留50公分以上，使用盆栽可在直徑18公分以上種植。將苗剪去一半種植，幫助側芽生長，莖葉也能較快增加。

栽培環境

能夠適應日照良好處與室內窗邊，但夏天的強烈陽光也可能造成葉子乾枯，盛夏時，請放在半日照的地方。小盆栽要給水充足。

採收～修剪摘芽

有葉子的時期，不論什麼時候都能採收。栽培好，混雜的莖上留下4～5片葉子後再進行摘芽。在晚秋時地上部分枯萎，修剪短後隔年春天便會再長出新芽。

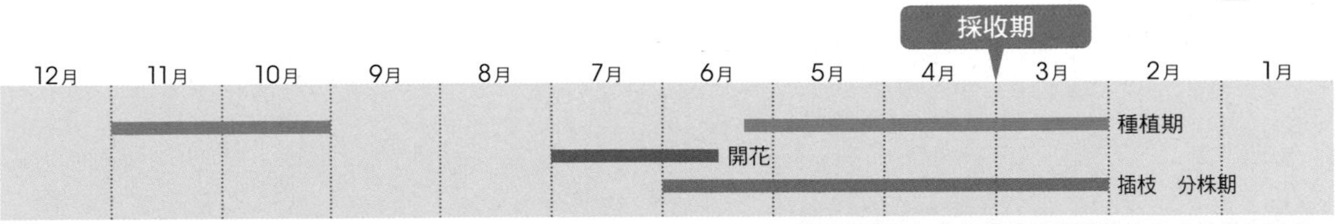

栽培的重點：有葉子的時期不論什麼時候都能採收。

薑

日本名／生姜
科名／薑科薑屬
原產地／印度、中國

檸檬與薑

將一顆檸檬外皮洗淨切成薄片，薑50克洗淨後連皮切薄片。在玻璃罐裡交疊放入檸檬與薑，再加入200克的蜂蜜，放置一晚即可使用。可以加熱水或蘇打水做成飲料外，還可以直接蓋在優格上成為好吃的糖漿。

保存方法

將薑洗淨後放入罐中，並加入可以完全將薑浸泡之中的水量。並每2～3天換水一次，便可再保存一個月左右的時間。

薑的功能

薑的根莖也能作為中藥材來使用。擁有散熱作用、健胃、抑止嘔吐，也可用於感冒初期症狀與防止腸胃機能低下。加入薑的粉葛湯能夠溫暖身體與提高免疫力，很推薦感冒時飲用。

常備辛香食材，生熟料理皆好用

在日本，是作為辛香料與醃漬不可或缺的食材，一般多以甜醋醃漬成壽司薑片與醋漬紅白生薑。「薑烯酚」具有辛辣味，感冒時，喝溫熱的生薑湯，能幫助血液循環以及溫暖身體的效果。而生薑有解熱作用，能使身體降溫，必須依體質狀況調整使用。

但因抗菌效果高，也有與壽司或生魚片一起食用的習慣。使用味醂和醬油調味的薑絲搭配煮好的白飯，風味更是絕佳，是食慾不佳時的最佳選擇。

薑之祭典

藥效高的生薑，被認為可驅邪。而在日本也有神社舉辦薑市集；甚至在東京芝大神宮會有持續10天的例行性大祭典，也被稱做「生薑祭典」、「生薑市集」。過去這一帶因為種植薑田，所以薑農、攤販也很多，即使現在到了大祭，神宮內也有小攤販，免費發放奉獻給神佛的薑，同時也販賣料理使用的生薑。

薑葉

薑葉可加在味噌湯、做成天婦羅，也可用包捲豬肉片燒烤等料理方法。

種薑與新薑

薑是由春天時種植的「種薑」上長出的新薑而得來。採收下來新的薑被稱為「新薑」，而放了一陣子的則被稱為「老薑」。另一方面，初次種植得來的種薑，在下次即被稱為「薑母」。薑母的效能較強，纖維質也較硬的關係，主要多是餐廳熬煮湯須使用。

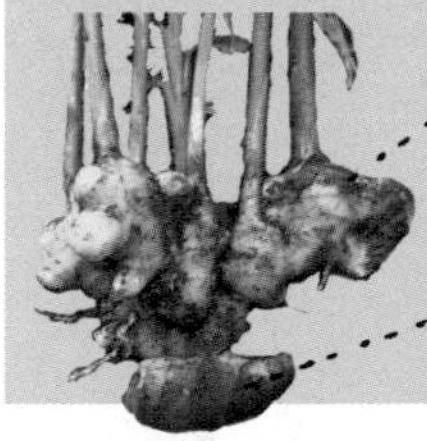

栽培＋採收

喜歡高溫潮濕
每年要在不同的場所培育

種植

薑是在熱帶地方生長的關係，種植的標準在沒有霜且氣溫20度以上。將每個約50克的種薑，種植於6～7公分深的土裡，注意3年間不要在相同地方與使用同樣土壤種植。

栽培環境～澆水

種植後直到長出芽約需要一個月左右時間。25～30度的環境能夠健康成長，因喜歡高溫潮濕，請注意避免乾燥，在地面種植也注意澆水。地面可以鋪上乾稻草等也很有效果。

採收

在夏天柔軟的根莖可以做為「薑葉」來享受，秋天時，圓而厚的根莖可以作為「薑根」進行採收。

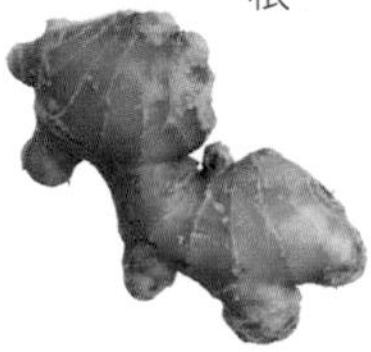
薑根

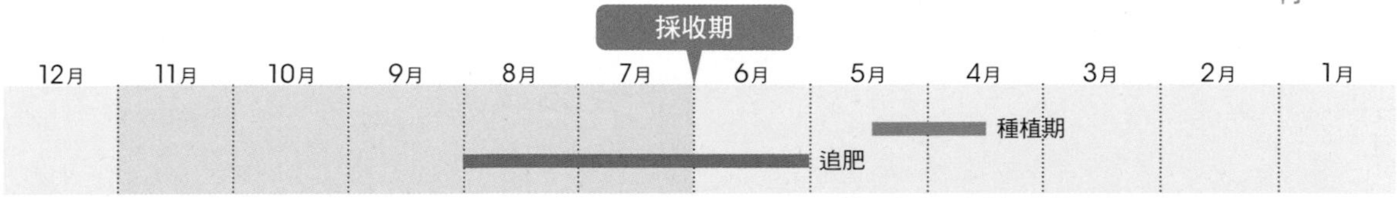

栽培重點：請將追肥施往靠近地面種植植株的土壤。

6種生薑元氣料理食譜

加關東煮非常好吃

薑味噌沾醬

材料（2人分）

味噌…125克
薑…50克
清酒…1/2杯
高湯…1/2杯
味醂…1/2杯

做法

1 將酒放入小鍋中加熱，去除酒精。
2 接著，鍋內放入味噌、味醂、高湯邊攪拌均勻。
3 沸騰後停火，放涼。
4 將薑洗淨並帶皮磨碎，加入鍋內攪拌即完成。

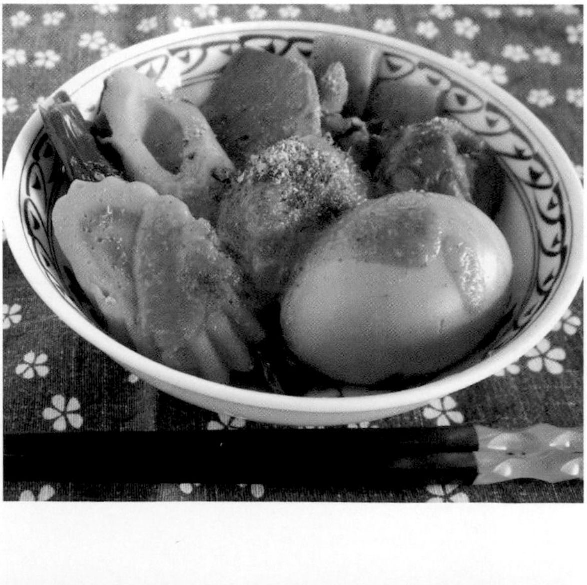

香港與澳門的名產

薑汁牛奶布丁

材料（1人分）

薑汁…1大匙
牛奶…180毫升
砂糖…3大匙

做法

1 薑磨碎擠出薑汁，過篩後備用。
2 將牛奶倒入耐熱容器，加入砂糖輕輕混和後，放入微波爐以600w加熱2分鐘左右後取出。
3 輕輕攪拌1後，一口氣將2倒入。並蓋上蓋子不需要攪拌。放置15分鐘凝固。

從身體裡暖和起來

薑汁
人蔘雞湯

材料（2人分）

帶骨雞腿肉…1隻
糯米…1/6杯
青蔥…1/2根
薑泥…1大匙
大蒜…1/2片
枸杞…1/2大匙
松子…1/2大匙
紅棗…2顆
水…700毫升
鹽…1小匙

做法

1 將糯米洗淨並浸泡1小時。並將青蔥斜切成薄片。
2 鍋內放入所有材料，開中火沸騰後，轉小火熬約1小時。
3 取出雞肉並去掉骨頭，再放入鍋內依喜好灑上鹽與胡椒。

手做
蜜糖薑片

材料（方便料理份量）

薑…3片
蜂蜜…40克

做法

1 薑去皮後切成薄片。
2 保存罐裡放入1與蜂蜜，並放置半天以上即完成。

手做
薑汁汽水

材料（1人分）

蜜糖薑片醬汁
…1大匙
蘇打水…120毫升

做法

準備一只杯子放入冰塊、蜜糖薑片醬汁與蘇打水適量混和即完成。

薑的佃煮

材料（2人分）

薑…200克
醬油…2大匙
酒…1大匙
味醂…1大匙
蜂蜜…1大匙

做法

1 薑去皮後切成薄片。
2 鍋內放入1、醬油、酒、味醂、蜂蜜，並以小火熬至水分煮乾。
※薑可事先汆燙，較不會有辛辣味。

香草的乾燥與保存法

香草乾燥方法

一般最常見的風乾香草方法，是放在通風良好處自然風乾。但在濕度較高的台灣，要等到乾燥需要花上好幾天的時間，期間的香氣與顏色也會因此而被破壞。在這裡介紹簡單又短時間就能乾燥的方法。

●使用微波爐

將採收下來的香草，不重疊且平放在餐巾紙上，使用微波爐加熱烘乾。標準為（500w、3分鐘）即可。期間請多觀察香草，並將較不容易乾燥的地方翻面，烘烤至酥脆為止。並請注意不要燒焦。

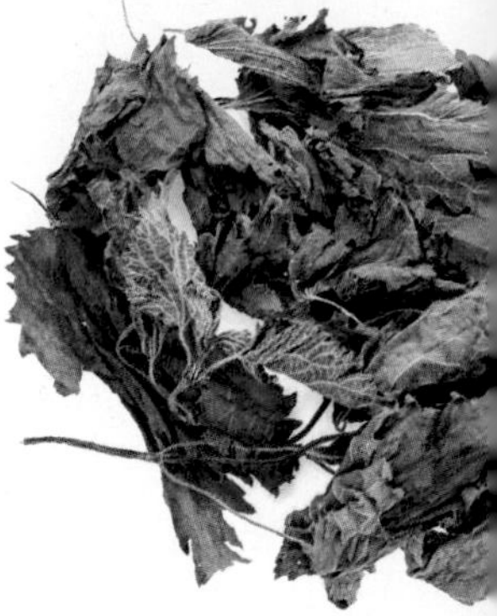

●利用夏天的車子

這個方法只適用於夏天，車子裡面也可以進行香草風乾。將採收的香草裝入大一點的紙袋內，並放入停在太陽照射的車內。若關上窗戶的話，夏天車子內的溫度會超過50度，一天就能完成許多乾燥香草。

●將香草漂亮的風乾秘訣

將收割下來的香草洗淨並去除多餘水分。若香草還殘留水氣，直接風乾的話，就會很容易長出黑斑。可以的話，去除莖部部分的葉子。因為莖部含有較多的水分，只風乾葉子的話也能較快乾燥。

保存乾燥香草時，最需要特別注意的就是「濕氣」。將乾燥劑放入密封容器內保管，並放置於陰涼處。

若放入冰箱保存的話，取出來時會因為溫度差的關係而有濕氣，所以盡可能於室溫下保存。

●關於容器

保存乾燥香草最適合的是，玻璃製的密封容器。若是使用袋子的話，附有夾鏈密封袋也非常便利。

●關於乾燥劑

乾燥劑於市面上也看得到，也可以重複利用食品等所附的乾燥劑。將食品所附的乾燥劑從袋子取出，並放在盤子上微波爐加熱。當粉紅色變成透明的話就是吸濕力復活。因為有安全疑慮，請注意不要加熱過度。

同樣為乾燥劑，石灰乾燥劑則無法重複再利用。

花草茶的製作飲用法

新鮮＆乾燥香草，的多元組合

培育香草後，一定最想試泡壺香草茶。採收的新鮮香草，以及凝聚香氣的乾燥香草，所泡出的香草茶，更能享受出沉著的風味。

想像香草茶的組合搭配，也是喝香草茶的趣味之一。新鮮的胡椒薄荷搭配風乾的茉莉花與檸檬草，與分開品嘗的味道不同，也更能喝出深沉醇厚的美味。

嘗試各種搭配組合，並找出自己喜愛的混和方式吧。透過經常的飲用，便能漸漸感受變化！

新鮮＆乾燥香草茶的泡法

1. 1茶匙的風乾香草泡成1杯即是1人分。新鮮香草，1人分的標準則是其3倍水量，請依人數再放入茶壺沖泡。（薰衣草香氣較重的香草請調整為每人1／3茶匙分量。）
2. 1人份以150毫升為標準倒入熱水至壺。為避免香氣與有效成分外流，請盡早蓋上蓋子。
3. 若是柔軟的花及葉子沖泡約3分鐘即可，果實與根等稍微硬的部分則約沖泡5分後即可倒入杯中享用。為了不破壞香草茶風味，沖泡時間以10分鐘為上限。想做成濃茶的話，香草的量多放一點即可。

推薦的組合搭配

針對腸胃虛弱

胡椒薄荷、百里香、檸檬草、茉莉花、洋甘菊皆是使腸胃強健、有助消化的香草，可以與喜歡的香草一同搭配，在空腹時飲用。

香草油和香草醋的製作及使用法

使用方法

《香草油》

在熱炒後的魚、肉料理上，做為香料油滴上幾滴就很美味。也可以搭配沙拉醬與義大利麵。

《香草醋》

適合加入沙拉醬與醃漬醬。或用蘇打水稀釋並加入蜂蜜，就能做成一杯清涼暢快的飲料。

注意點

- 香草上殘留水氣的話，容易使油與醋變質，使用前請記得先擦乾。
- 請注意香草一旦接觸到空氣，便會生成黴菌。在浸泡開始的1～2天，若看到香草浮起的話，請將香草整個沉浸進去。
- 香草油與香草醋，留住了香草香氣後，若是不取出香草，顏色也會變髒甚至變濁，一定要將香草取出拿來料理使用。

材料

香料油

迷迭香…1枝
大蒜…1片
月桂葉…1片
橄欖油…150毫升

＊其他推薦的香草有羅勒、鼠尾草、小茴香、龍蒿、蒔蘿等。

香料醋

百里香…2枝
羅勒…1枝
白醋…150毫升

＊其他推薦的香草有香芹、奧勒岡、迷迭香、蒔蘿、鼠尾草、薄荷、小茴香、蜜蜂花等。

作法

1 將香草洗淨，並擦乾水分。為了能夠引出香味，請先輕輕的搓揉後，並放入消毒過的保存罐中。
2 將橄欖油或醋慢慢的倒入，使香草不會浮出來的沉浸於下面。
3 放置在陽光不會直射的地方，並不時的晃動引出其香氣。約一個禮拜的時間便會有香氣，兩個禮拜左右香氣更鎖入醋裡。依喜好程度便可取出香草。

PART 3

新草嫩、老木化の
木本香草植物

SHRUBBY PERENNIAL

迷迭香

別名／迷迭香
科名／唇形科迷迭香屬
原產地／地中海沿岸

從迷迭香的花採收下來的蜂蜜，有著細緻甜味與柔和香氣，被認為是最高等級。

頭髮護理

有效防止頭皮癢以及預防白髮。沖泡較濃一點的迷迭香茶，冷卻後加入少許的蘋果醋，可作為潤絲精使用。

乾燥迷迭香

乾燥後迷迭香仍保有濃郁香氣，適合做成乾燥花卉。不僅芳香且擁有防蟲效果。準備好切碎的迷迭香末，可灑在烤馬鈴薯上，或是製作麵包或鹹蛋糕時一起揉入麵糰，或是加入油炸麵衣裡，廣泛的運用在料理中。乾燥後的莖也可代替BBQ串燒的牙籤作使用。

香氣深醇，常用於燒烤及燉滷料理

如刺棘般葉片的藥效非常高，能夠抑止發炎並改善消化不良。「迷迭香酸」具有抗氧化、抗老化等功效，甚至能有效減輕花粉症候群。

葉子在肉類料理以及燉滷料理中也是不可或缺的香草；橄欖油加入迷迭香枝條醃漬，運用在魚、肉類燒烤，或麵包或蔬菜料理時也能代替醬汁使用，非常便利。

因為香氣獨特且濃郁，請注意使用的份量。也可製作成花圈裝飾代替除臭劑使用。

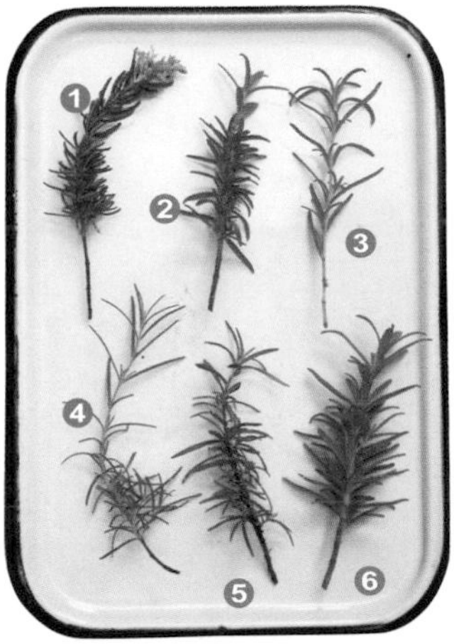

迷迭香品種

❶馬約卡紅迷迭香
❷寬葉迷迭香
❸原生藍種迷迭香
❹針葉迷迭香
❺直立型約瑟普小姐迷迭香
❻歌利亞迷迭香

迷迭香匈牙利水

17世紀於歐洲製作而成的匈牙利水（或稱為匈牙利皇后水），是以迷迭香加入酒精一起蒸餾製成的「利口酒」，可作為藥酒或香水使用。擁有改善神經痛、手足麻痺、暈眩、倦怠、頭痛、焦躁、耳鳴、視力低下、血栓等各種症狀，可塗抹在太陽穴或胸口經由鼻子呼吸，或是加入酒或伏特加裡服用。經過幾次蒸餾而成的關係，在製作方法與技術上較為複雜，因此匈牙利水是非常高價的產品。

現在一般常見在販賣的匈牙利水，多為酒精內加入迷迭香浸漬的藥酒，或是在酒精或水裡面加入少量迷迭香精油混和而成的。

栽培＋採收

避免枝條老化
進行修剪
即可全年採收

種植

有直立性、匍匐性與半匍匐性品種。匍匐性品種推薦以吊盆或花盆垂吊方式種植。若在盆栽種植，則需準備比苗種還大上兩圈尺寸的盆栽；在地面種植，植株生長較旺盛，必須注意有良好的排水。

採收

迷迭香樹高20公分時即可採收。從枝條根部往上5公分處進行摘剪，留下來的枝條還會再長出新芽。

修剪～插枝

一旦枝條混雜，植株內部悶熱，下葉也容易枯萎，放置不管的話枝條就會老化，更難長出新芽。春天時修剪掉較舊的枝條，並利用強壯的枝條來進行插枝。

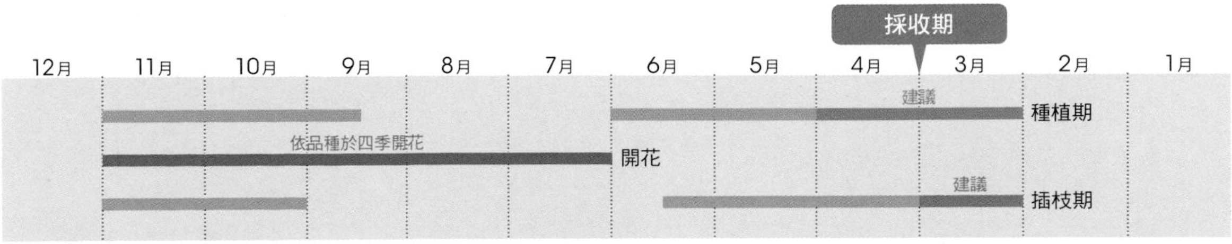

採收的重點：盡量避免較熱時期進行採收。

10種百里香圖鑑

分別有：枝條直立往上延伸的「直立性品種」
以及適合地被種植的地面延伸「匍匐性品種」。

06 法國百里香

直立性。是常見的一種百里香，其特徵為具有辛辣風味以及豐富的香氣。與普通百里香相比，防腐效果也較高，適合作為香料運用在料理上。

07 匍匐百里香

匍匐性。高度10公分，橫向匍匐般的展開生長。初夏時會開出粉紅色小花外，也有白色或紅色花的品種。別名為「野百里香」、「百里相之母」、「鋪地香」。

08 盆百里香

擁有辛辣風味以及特殊的香氣。與普通百里香同樣具有較高的防腐效果，使用在肉、魚類料理烹調。

04 銀斑檸檬百里香

直立性。葉子帶有銀色斑而受歡迎。花呈現淡紫丁香色，全草整體散發出檸檬香氣。適合種植在老人介護中心或集中花籃。

05 寬葉百里香

直立性。深綠色的葉子帶有奶油色斑點為特徵，葉子也是百里香中偏大的。夏天時會開出深粉紅的花穗。

01 杜妮谷百里香

匍匐性。特徵為葉子帶有鮮豔的黃斑。香草有強烈的檸檬香。夏天會開粉紅色小花朵。

02 檸檬百里香

直立性。與黃斑百里香並列為人氣品種之一。綠色的葉子，且緊密簇生淡粉紅色花互相較勁。帶有檸檬香。

03 薰衣草百里香

匍匐性。會開薰衣草紫色的可愛小花，並帶有薰衣草香味。

09 黃金檸檬百里香

匍匐性。葉子上帶有金黃色的斑點，會開出淡粉紅色小花。味道有強烈檸檬香氣。

10 普通百里香

直立性。百里香的代表，淡粉紅色的小花密集簇生。也是百里香中最帶有強烈辛辣感，是法國料理中的香草束以及香草混和沙拉裡，最不可或缺的材料。擁有清香的小枝條可作為「香草束」用於湯品與濃湯等。具有防腐力以及殺菌力，也非常適合用來保存魚、肉類。

花椒（山椒）

別名／山椒、秦椒
英文名／fagara
科名／芸香科花椒屬
原產地／日本、朝鮮半島南部

只有雌木才會結果。

風乾大片葉子

風乾較大且硬的葉子，並用磨缽磨碎。可加在香鬆、烏龍麵以及麵線的辛香佐料。

花椒味噌

切成細碎的葉子加入味醂與醬油，並與味噌一起熬煮的花椒味噌，風味絕佳。用在烤魚沾醬或是與飯糰拌在一起，都非常好吃。

氣味辛辣，從嫩芽到種子都能吃

是東方香草的代表之一，帶有辛辣但清新的氣味。辣味成分的花椒油，具有活化內臟與解毒、殺菌的效果，也被做為漢方藥材使用。嫩芽被稱為「木之芽」，可用於燒烤與滷料理的點綴，或做成「木芽味噌」。

在初夏時，可以將青果實以醬油、鹽巴醃漬保存食用。秋天時，將轉紅裂開的種子去除外皮後並磨碎，便是花椒粉。花椒的樹有分雄木與雌木，若只種植一棵則無法結果。

花椒果實的處理

從枝條摘下的花椒果實洗淨，放入熱水中燙6～7分鐘。煮到以指腹可以去掉外殼程度的硬度為最佳。煮好後將果實放入水中浸泡約一小時，中間也請換水幾次。直到澀味去除即完成。瀝乾水氣，若還不需要馬上使用，請放入冷凍保存。

利用花椒的香氣做成道地風味

麻婆豆腐

材料（2人份）

豬絞肉…200克
嫩豆腐…1塊
青蔥…1支
A 大蒜…1片
薑…1片
豆瓣醬…1小匙
雞粉…1/2小匙
B 醬油…2大匙
水…50毫升
太白粉…2大匙
花椒（粉末）…1/2小匙
沙拉油…2大匙

做法

1. 將嫩豆腐切成2公分大小，並將蔥、大蒜、薑切成細碎。
2. 平底鍋以沙拉油熱鍋，加入A以中火拌炒。加入絞肉炒拌開。
3. 加入B燉煮，用同份量的水融開太白粉後來回加入成濃稠狀。
4. 放入豆腐、蔥輕輕攪拌混合，最後灑上花椒粉即完成。

栽培＋採收

選擇沒有刺棘的雌木
注意鳳蝶靠近

種植

若想選擇可以採收果實的雌木，推薦沒有刺棘，且雄雌同株的「朝倉花椒」品種。要避開嚴冬時期，冬天時不要破壞根盆進行種植。較不喜移植。

栽培環境～澆水

淺根，不喜歡過度的乾燥與潮濕。特別在夏天時須注意水分不足，可在植株覆蓋乾草，梅雨時期須注意積水。

採收～病蟲害

春天時採收新芽，7月時可摘取青果實。成熟果實於9月可進行採收。鳳蝶會來產卵的關係，若發現吃掉葉子的幼蟲必須進行去除。

＊透過澆水與覆上乾草，預防夏天水分不足的情況。

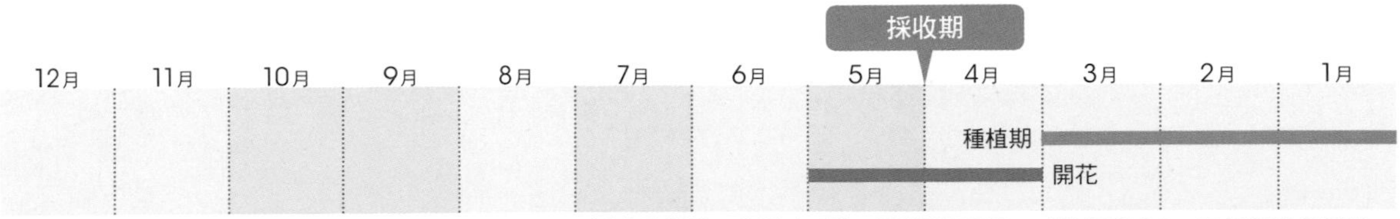

採收的重點：新葉在5月，青果實於7月，成熟果實在9～10月可進行採收。

橄欖品種v.s.授粉類型

依品種的不同，自家種植的橄欖能否結果，有很大的關係。也有種植一棵即能結果的品種，但有了授粉樹，更能透過不同品種的交配，提高結果的機率。

授粉○（自家結果的品種）

皮夸爾 Picual	中型	西班牙	葉片薄大。特徵是：成熟的果實呈現黑色光澤的橢圓形狀，樹形集中。即使自家授粉也能結果的優良品種。
盧卡 Lucca	中型・早生	義大利	自家結果性非常高的品種。可當其他品種的授粉樹。樹勢旺盛，形成如橄欖狀美麗的樹冠。果實較小型，葉子寬幅接近蛋型。
177 One seven seven	中型・早生	義大利	早生品種，果實較小，葉子為銀色偏大。是結果良好的優質品種。
配多靈 Pendolino	中型	義大利	主要產在義大利的托斯卡納。果實為中小型的橢圓形，樹形為展開的形狀。
奧克蘭 Aucklan	中型	紐西蘭	自家授粉也能結果的優質品種。在寒冷地區較難栽培。
基督 Christ	小型・早生	紐西蘭	於紐西蘭改良，也可以自家授粉的優質品種。樹木屬小型，生長也較早，但在寒冷地區較難培育。

授粉△（有機會可自家結果）

阿貝金納 Arbechina	小型	西班牙	葉子較小、生長茂密的稀少品種，果實也屬小型且聚集結果。發芽性良好，可修剪成密集的樹型。
佛奧 Frantoio	中型	義大利	原產地於托斯卡納，在義大利中部最受歡迎的品種。生長較緩慢。
科拉蒂那 Coratina	中型・早生	義大利	是較早結果實的中型早生品種。葉子細長且大。
萊星 Leccino	中型	義大利	原產於托斯卡納地區，適應力很好。葉子呈現小型，也是對抗病蟲害較強的品種。
毛里尼奧 Maurino	中型	義大利	果實呈現稍小的橢圓形狀，且很快就成熟。與萊星（Leccino）、佛奧（Frantoio）、切風龍（Cipressino）、摩拉優洛（Moraiolo）、配多靈（Pendolino）等交配可結其果實。
百麗宮 Paragon	中型	法國	原產國為法國，在澳洲也常被拿來栽培。
傳教士 Mission	中型	美國	在加州發現的西班牙品種。樹型為直立性且生長比例平衡良好。葉子稍微屬銀葉，前端也呈現稍尖的型狀，果實帶有香氣而被廣為栽培。
高朗尼基 Koroneiki	中型	希臘	樹型為擴張型，花粉量也很豐富。不耐寒的關係，適合種植於溫暖且少雨的地方。

授粉×（無法自家結果的品種）

內華達洛布蘭科 Nevadi Ilo Blanco	（花粉樹） 中型・早生	西班牙	非常受歡迎的品種，市場的流通量也很多。成長旺盛，樹型為直立性。葉子屬稍薄的綠色，背面為灰綠色，被用來當作授粉樹。
曼薩尼約 Manzanillo	中～大型・ 早生	西班牙	果實呈現如蘋果般的形狀，葉子屬小型銀葉，稍圓，枝條容易緊密聚集的品種。
軟阿斯 Ascolano	小型	義大利	果實為較大的橢圓形，即使成熟也呈現明亮的顏色。葉子較圓，樹型為容易延展的品種。
佛黛爾 Verdale	中型	法國	花帶有微微的香氣，葉子屬較大的銀葉，樹型為容易集中的品種。
巴爾內亞 Barnea	中型	以色列	樹型集中。葉子屬圓狀綠葉，果實較圓的中型，且結果多的品種。

中文品種參考資料：http://140.126.176.20/pipi/webawards/2014_7/breed.ht

萊星
高朗尼基
佛奧
盧卡
傳教士
內華達洛布蘭科
阿貝金納

薰衣草的品種4大分類

薰衣草擁有為數眾多的栽培品種，
英國薰衣草、醒目薰衣草、頭狀薰衣草等。

英國薰衣草	英國薰衣草也稱為普通薰衣草、真薰衣草、真正薰衣草，特徵為香氣最佳且富含精油成分。會結出小型且顏色較深的花穗。在日本北海道的富良野即是著名的「美麗英國薰衣草田」。因較適合寒冷地方生長，不耐高溫潮濕。台灣地區很難培育。主要品種有希德（hidcote）、狹葉薰衣草（Lavandula angustifolia）、娜娜阿爾巴（Nana Alba）、孟德（Munstead）等。
醒目薰衣草	由英國薰衣草加上穗花薰衣草 （Lanvandula Latifolia）交配而成的品種。特徵是比英國薰衣草擁有較高的耐熱性而容易栽培。擁有刺激性香氣與精油成分，較常利用在香料等，與英國薰衣草的香味稍有不同。花朵較大，葉子也較廣。主要品種有塞維利亞薰衣草（Super Sevillian Blue）、葛羅索（Grosso）、阿爾巴（Alba）、普羅旺斯（Provence Blue）、格雷灌木（Greyhedge）等。
頭狀薰衣草	頭狀薰衣草也被稱為義大利薰衣草、西班牙薰衣草。特徵是其花穗的前段會長出有如兔子耳朵般的長苞葉，其可愛的樣子非常受到歡迎。香氣較淡，耐熱且容易栽培，可做為園藝種享受其種植樂趣。主要品種有法國紅（Kew red）、天使（Engel）、頭狀阿爾巴（Stoechas Alba）、綠薰衣草（Lavandula viridis）等。
其他	葉子帶有鋸齒狀的齒葉品種，也有四季皆開花的羽狀裂葉品種。

中文參考網址：http://kmweb.coa.gov.tw/knowledge/knowledge_cp.aspx?ArticleId=146511&ArticleType=A&CategoryId=A&kpi=0&dateS=&dateE=

英國薰衣草

頭狀薰衣草

PART 4

夏秋結果、冬落葉の香草果樹

檸檬

科名／芸香科柑橘屬
原產地／喜馬拉雅東部

熱檸檬

有機無毒栽培的檸檬，連皮也可以安心的食用。

保存方法

杯子裡倒入少許的水，將剖半的檸檬切口向下放入，並注意不要浸到水。杯子上再蓋一層保鮮膜，放入冰箱冷藏。這樣可以保持檸檬切口的新鮮狀態，防止水分蒸發。

最具代表性的清新果香，廣泛用於各種飲食

原產於印度，不耐寒，樹苗需要花上數年時間才能結果，但富含豐富的維他命C，是可以盡情享用的果實。具有抗毒作用，可預防口臭以及痘痘的殺菌等。

挑選不含蠟以及防腐劑的國產檸檬，可以連皮一起安心使用。

製作蜂蜜醃檸檬或是鹽漬檸檬時，也請務必使用國產有機檸檬。具備中和鹼性作用、去汙力、漂白作用，最適合用在廚房的油汙、洗臉台及水龍頭水垢的清潔。刨下來的檸檬皮也能多元利用。

鹽漬檸檬的做法

材料只需要有機國產檸檬以及檸檬重量的10～20%的鹽巴即可。

將檸檬連皮一同切成塊並放入已消毒完畢的玻璃罐中，交互重疊放入一層鹽、一層檸檬、一層鹽，最上方則是以鹽巴蓋上即可。最後拴緊蓋子，放入冰箱冷藏即可，並請時常上下晃動玻璃罐，使鹽巴充分與檸檬混合。約一個禮拜左右即可食用，約一個月精華都溶出來後也會變的濃稠。也可以將黏稠的鹽漬檸檬，放入果汁機打碎做成鹽漬檸檬醬。

檸檬葉

檸檬葉帶有清香，更在檸檬產地的西西里島被拿來食用。可以將新鮮葉子放入紅茶內，或是包住白肉魚或絞肉等一同蒸熟食用。

栽培+採收

將新長出的弱枝修剪下來種植

約3～4年即能開花

種植

於地面種植，請選擇日照充足且排水良好的地方。盆栽種植時約2～3年需進行換盆。

修剪～施肥

弱枝會不斷的生長，會使得花與果實難以成長。將重疊的枝條，從生長根開始進行修剪。並進行一年三次的施肥，便能夠幫助結果。

採收

種植約3～4年便會開花。幾乎每年都會開花的關係，於春天時開花後，趁著果實還小的時候進行摘取（摘果），種在地面時大約標準20～30顆檸檬。

採收期：4月～3月

	12月	11月	10月	9月	8月	7月	6月	5月	4月	3月	2月	1月
種植期		■							■	■		
開花								■				
修剪									■	■		
施肥		■	■				■			■		

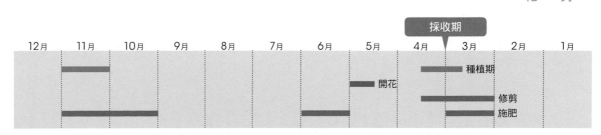

柚子

日本名／鬼橘
科名／芸香科柑橘屬
原產地／中國長江上游

柚子醬

自家種的柚子可以安心製成果醬。將切碎的柚子皮與切成塊狀的果肉，一同加入冰糖熬煮成果醬。

冷凍柚子汁

將柚子榨取成果汁放入製冰盒冷凍，不會改變其風味，想吃的時候就可以立刻食用

清爽香氣、酸甜適中，做成果醬、調味鹽都受歡迎

傳說種在庭園能夠帶來家庭繁榮的柚子。在日本，因為有冬至泡柚子浴，預防感冒的習慣，柚子儼然成為生活中密不可分的植物。

香氣最為濃郁的柚子皮富含抗氧化作用的維他命C，果汁裡更具有恢復疲勞效果的檸檬酸。

將果實做成糖漿或是果醬；或熱水沖泡後即可飲用柚子茶。也推薦與燒酒等一起醃漬成柚子酒。將柚子切碎後風乾保存，更可以用在料理上的調味。

來製作 手工柚子胡椒

將切細碎的柚子皮加入細碎的青辣椒以及鹽巴，放入食物調理機充分攪拌混合，便完成一道鮮艷綠色的柚子胡椒。鹽巴的分量大約是柚子皮的15～20%，可以依喜好加入少許柚子汁，使口感更滑順。冬天時，可使用變黃的柚子與轉紅的辣椒製作成橘色的柚子胡椒，做成2種顏色也十分美觀。鮪仔魚與芝麻一起做成飯糰時，加入助於保存功效的柚子胡椒，風味更好。

將種子加入化妝水裡

將種子放入燒酒內浸泡，不時的搖晃並放在陰暗處，大約一個禮拜的時間就會變成濃稠狀。將種子取出來，剩下的原液就是化妝水的基底。分裝成小罐，並用2～3倍的蒸餾水稀釋成為化妝水，能夠有保濕與美肌的效果。取出的種子也可以重複再做一次的化妝水。

柚子葉茶

葉子也同樣具有香氣，可將嫩葉用來沖泡成香草茶。活用其香氣醃漬於醬菜中提味。

栽培＋採收

耐寒的柑橘類植物

嫁接樹苗可於3～5年採收

種植

可以忍受零下7度的氣溫，因此也可在高緯度地方種植。請使用保水與排水良好的土壤，盆栽種植時每2年需進行換盆。

澆水～肥料

雖然耐乾，但種植小樹苗於地面時，也必須注意夏天的給水，枝條才會長的好。肥料一年2～3次，給與有機肥料，或是速效性化成肥料即可。

採收

嫁接樹苗約在3～5年即可採收。果實還綠的時候就能利用，摘果實時可以早一點就採收。果實轉黃卻還不摘下的話，隔年便會不容易開花，必須特別注意。

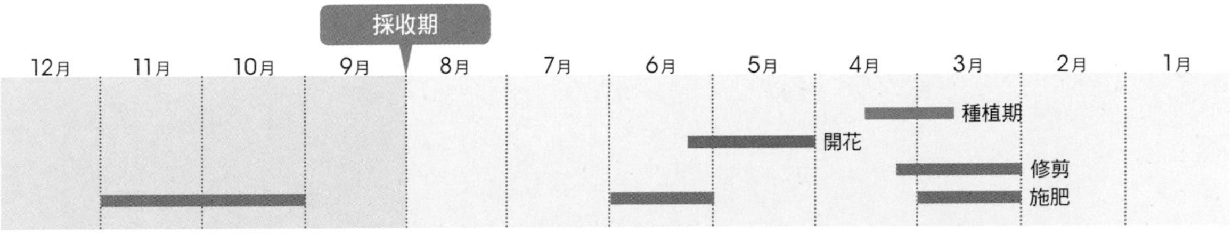

藍莓

日本名／沼酢之木
科名／杜鵑花科越橘屬
原産地／北美

備受矚目的藍莓葉茶

藍莓果實因為含多酚而被廣為認識，其葉子比果實富含更多的「花青素多酚」。花青素具有非常高的抗氧化力，被認為能夠提高免疫力、強化血管、防止老化、預防動脈硬化等功效。

藍莓葉茶的做法相當簡單。先摘取顏色較深的葉子約20片，洗淨後並擦乾。並用保鮮膜包起來放入微波爐加熱1分鐘後，再用平底鍋稍微煎一下。將葉子用碎加入熱水沖泡燜約5分鐘，即可完成。

令人著迷的滋味，是製作果醋、茶飲的絕佳選擇

藍莓主要有「高叢灌木品系」與「兔眼品系」2種。一般而言，高叢灌木品系只要種植一顆即能結果；兔眼品系屬為異品種，必須種植複數以上否則難以結果。

過去高叢灌木品系適合寒冷地帶種植，而兔眼品系則是適合溫暖地帶，但隨著改良的發展，也出現了溫暖地區也可以栽培的高叢灌木品系。購入樹苗時，也請先好好依栽培地確認適合的品種。

藍莓果醋

在罐子中放入藍莓100克、砂糖100、蘋果醋200克，放置10天左右時間醃泡，即完成新鮮的藍莓果醋。使用範圍非常的廣，用蘇打或是牛奶稀釋，也可以加入沙拉醬或是做成醬汁。醋也可以使用黑醋製作完成。

採收後冷凍保存

清水洗淨後，使用餐巾紙將水分擦乾，用保鮮袋裝好，放入冰箱冷凍保存。即使每次採收少量果實，也可以集中保存等到未來利用。

栽培＋採收

配合氣候選擇品種 小型品種也非常有趣

種植

分別有耐寒的高叢灌木品系，與耐熱的兔眼品系。兩者都喜歡酸性土壤，可用鹿沼土與酸性泥炭土等分的混合成用土來種植。盆栽種植的話每2～3年必須進行換盆。

修剪～施肥

小型的樹型，前年生長的枝條端，於隔年春天便會開花，因此冬天的修剪須注意花芽。基肥與追肥不只使用化學肥料，也建議使用堆肥等有機質的肥料。

採收

種植樹苗約1～3年即可採收，混和品種種植的話也約3個月可以採收。果實開始有顏色後，放置5天以上仍會長大，並增加其香甜味。

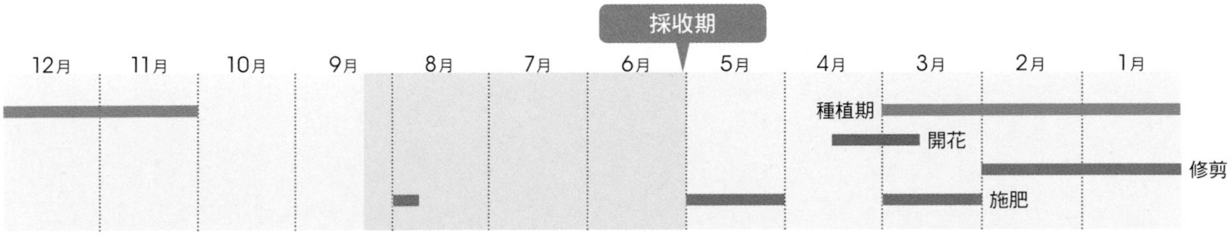

採收期依品種而有不同。

藍莓的品種分類

藍莓擁有多達200種以上的品種。
大致可分為耐寒的「高叢灌木品系」，以及適合溫暖地區栽種的「兔眼品系」。
各個都有早生與晚生的品種，採收時期也有所不同。
改良適合溫暖地區栽種的有南方高叢灌木品系、雜交品系，
還有只長到１公尺左右的矮叢藍莓等非常多的不同品種，
也請依栽培場所的氣候與搭配容易成果的品種再做選擇。

兔眼品系 品種：T-172（Festival）、藍雨（Blueshower）、Callaway、烏達德（Woodard）、蒂芬藍（Tifblue）等	溫暖地區	7月中旬採收	樹苗會越長越高大。對土壤的適應性高容易栽培，相當適合於初學者。採收期長，被認為是豐收品種。第1年修剪掉果實後，1年後會有驚人成長。果實甜的品種多，挑選兔眼品系中不同品種，種植2棵以上也會容易結果。
南方高叢灌木品系 品種：薄霧（Misty）、夏普藍（Sharpblue）、Eye blue、Blue mulffin等	溫暖地區	6～7月採收	樹苗會越長越高大。炎熱的地方也可以栽培的南方高叢灌木品種。大體上耐熱，因此有不耐寒與耐乾的傾向。樹高約1～1.5公尺，果實也屬大顆品種，收穫多，果實酸甜適中。挑選南方高叢灌木品系中不同品種，種植2棵以上也會較容易結果。
北方高叢灌木品系 品種：藍光（Blue ray）、藍豐（Blue crop）、澤西（Jersey ）、迪西（Dixi）、早藍（Early Blue）等	涼爽至寒冷區	6～7月採收	北分高叢灌木品系屬於適合寒冷地帶的品種。果實擁有可以生吃的「酸味與甜味」。在日本關東以北的寒冷地方容易栽種，挑選北方高叢灌木品系中不同品種，種植２棵以上比較容易結果。

中文品種名參考網站：http://teddy1000.pixnet.net/blog/category/283699 ・http://www16.plala.or.jp/luckyhit/hikakuitiran.ht

進階篇Ⅰ

水耕栽培香草植物の6個秘訣

栽培不一定要使用土壤。水耕栽培的健康香草有6個小秘訣，非常適合廚房裡種植。使用39元小物就能在短時間採收。培育葉菜類，也能自給自足的做出沙拉料理。

挑戰水耕栽培！

水耕栽培，為原本種植於土壤的植物生長根，改換成用水耕培育的方法。

植物的根於水中生長時，必須吸收必要的養分與氧氣。而做好水耕管理，是最重要的關鍵。掌握植物生長必要的陽光、水分以及養分，來試試培育美味健康的香草蔬菜。

1 選用「容器」要能瀝水透氣

在39元商店裡，也有像瀝水篩這樣的便利容器。篩子上放入泥土（墊子），篩子的下面、儲水的地方倒入營養液。

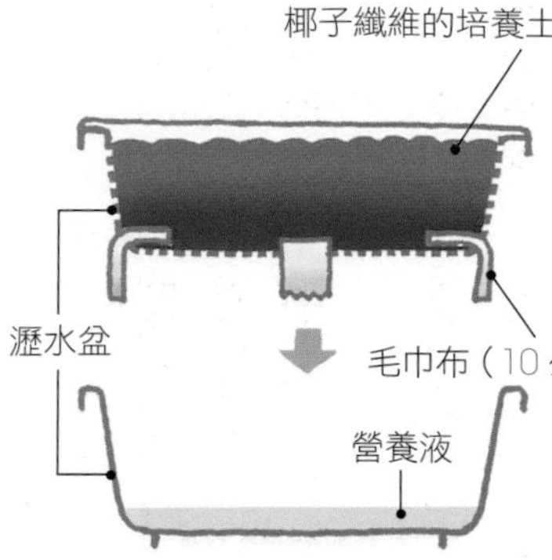

如果容器較深，營養液不容易往上被吸收，可在容器兩側缺口，夾入毛巾材質的布（約10公分的帶狀），幫助營養液往上吸收。

「培養土」採用椰子果纖維

土壤使用回收的園藝用土椰子果實的纖維。而這也能在39元商店找到，被壓縮成堅硬的方塊狀包裝起來。

放入水桶裡，吸水浸泡一整晚後，便會膨脹約5~10倍的量。植物中的澀液會跑出來，需要換水。因只含纖維質的關係，非常的輕也容易使用。

莖較細長的蔬菜（番茄或小黃瓜等），因為根部無法支撐，必須再下工夫架起支柱。

要注意「液體肥料」的濃度

使用市面上，有販賣水耕栽培用的液體肥料。

關鍵是營養液的「濃度」。濃度過低的話，不但無法充分幫助植物生長，葉子的顏色會顯得黯淡不漂亮，無法好好的栽培長大。濃度太高的話，反而也會有成長障礙，必須用心調整到適合的濃度才行。

夏天時因溫度上升會將水分蒸發，營養液的濃度也會隨之提高。請將下面儲存的營養液倒掉，並將栽培盆清潔乾淨後，再倒入新的營養液。

施行「播種」時須按照步驟

葉菜類各有適合的播種期，請先確認好袋上的解說再進行。芝麻菜或綜合葉菜可進行直接播種。

播種後覆上薄薄一層的土壤，用以幫助表面不要太乾燥。表面乾燥的話，使用澆水壺等工具澆上營養液。

發芽長大後，瀝水盆底部的植物根，會延伸成長並吸收到營養液，在此之前請保持用土濕潤，並不斷的觀察。

5 發芽到採收都要「日照充足」

在植物發芽後，除了盛夏外，盡量使植物接受直射陽光（1天5小時以上）的照射成長。在窗台或室內培育的話，會因為日照不足，造成葉子徒長容易搖搖晃晃。充分照顧的葉子，香氣也會比較濃，營養也較豐富。

嫩葉大約在播種5週後，便可以開始進行採收。用剪刀剪下，會留下一個生長點，下次也會從此處再次長出新的葉子。

若是環境也照顧得好，可以持續2~3個月以上的採收。

6 利用「芽插法」的栽種要點

不只播種，市面上販售的蔬菜與香草，也可以使用「芽插法」種植插育。

將羅勒或西洋菜等喜歡水的蔬菜，插入杯子中長出根後，再移植到用土栽種。若是已長出根的芹菜，栽培根部即可。即便不耐夏天的直射日照，也可以在半日照的窗台上種植。

進階篇 II

五顏六色！
繽紛の23種香草花卉圖鑑

23種香草花卉圖鑑

近年來稀奇的香草種子與幼苗越來越容易入手。
以下就來介紹特殊的種類。

02 紫錐花（Echinacea）

菊科香草，具有強化免疫力以及擊退病毒的效果。將根放入伏特加等烈酒，醃漬後得到的「碘酒」，可用在蚊蟲咬傷與傷口的治療外，沖泡成茶也可以用來當漱口藥水。品種豐富也容易培育，多用在園藝造景或插花。

01 西洋接骨木（Elderflower）

白色小花如花火般綻放，是作為觀賞用非常可愛且容易培育的品種。很久以前在歐洲就當作萬能藥使用。與蜂蜜搭配非常適合，將摘取的花與蜂蜜醃漬，可以加入紅茶，在身體狀況微恙時，也可以飲用。在最近發現有舒緩花粉症的效果。

03 葛縷子（Caraway）

日本名為「姬茴香」。傘形科植物，從以前就相信它具有吸引人的力量，因此被作為春藥的材料使用。對腹痛與支氣管炎具有療效，將精油與水混合用來作漱口藥水也很有效。帶有甘甜清新香氣的葉子可用來做沙拉，種子可做辛香料，根可用來燉煮，運用在各式料理上。

05 藍芙蓉(Cornflower)

在日本被稱為「矢車菊」，會開出各種顏色的花朵，因此用在著色顏料或是裝飾使用。英文名「Cornflower」是因為在玉米田或麥田裡，也能強壯生長而得。從花萃取出來的萃取物因具有收斂與消炎作用，也可用來當作化妝水的原料。

06 紅花(Safflower)

日本名為紅花。在日本從以前習慣作為染料，到了最近則將種子榨成食用紅花油。橙色的花不僅可用來沖泡成香草茶飲用，莖、葉也可以拿來食用。在中藥藥草上的紅花，也被用在婦科上做處方。

07 夏香薄荷(Summer savory)

此香草與「冬香薄荷(Winter savory)」一樣可做為辛香料使用，夏香薄荷帶有如百里香般舒暢的香氣，風味圓潤。也因為與豆類料理非常搭的關係，更被稱為「豆類香草」。具有舒緩蚊蟲咬傷的效果，用手將葉子搓揉後，覆蓋在蚊蟲咬傷處並蓋上濕布，便能緩和症狀。

04 冬香薄荷(Winter savory)

對照一年生植物的「夏香薄荷(Satureja hortensis)」，冬香薄荷屬每年皆可生長的常綠喬木，一整年也可以進行採收。具有胡椒般的強烈香氣與辣味，適合肉類料理或豆類燉煮的調味，推薦與油或油醋一同浸泡，也可幫助緩解脹氣以及促進消化。

10 地榆（Salad Burnet）

鋸齒狀的葉子如蒲公英般放射狀生長，帶有小黃瓜般的香氣，如同它的名字「Salad Burnet」可做成沙拉食用。莖的前端會開出球般的粉紅色或紅色花朵，可以用來做乾燥花或插花。耐寒，是初學者也非常容易培育的香草。

11 蒔蘿（Dill）

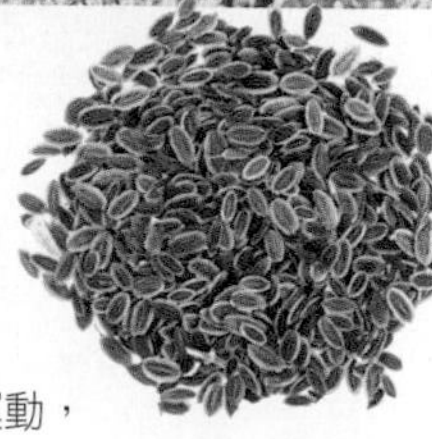

在歐洲被稱為「魚之香草」，很適合做成鯡魚醋漬，或與美乃滋混合做成鮭魚的醬汁，還有塗在雞肉或馬鈴薯上都非常美味。香味可幫助吸收消化的運動，同時也有促進分泌母乳的效果。

08 龍蒿（Tarragon）

因帶有甜味也會被用於香水上，辛辣的苦味，是法國料理中必備的香草。「龍蒿」有法國品種以及俄羅斯品種，清香的法國龍蒿常被用在料理。促進食慾以及傷口的治療、牙痛等也具有效果。

09 蒲公英（Dandelion）

在歐美，從以前就被當作香草用在自然療法上。具有利尿與壯陽效果，稍帶有苦味，適合沙拉或是汆燙以及醋拌涼菜。在阿育吠陀醫學裡，也被認為能夠幫助強化肝臟與膽囊，以及強健腸胃的效果。蒲公英的根經過烘烤後，可做為蒲公英咖啡飲品。

14 黑種草(Nigella)

會開出如雪花結晶般的花朵，是做為鑑賞用非常有趣的香草。種子的英文名字為「Black Cumin」，擁有與「Cumin」孜然一樣獨特的香氣與辣味，在印度被當做辛香料廣泛用在咖哩或豆類料理等。種子萃取出來的油，具有抗組織胺與抗菌作用，從以前就被用在過敏皮膚炎或濕疹等上。

15 辣根(Horseradish)

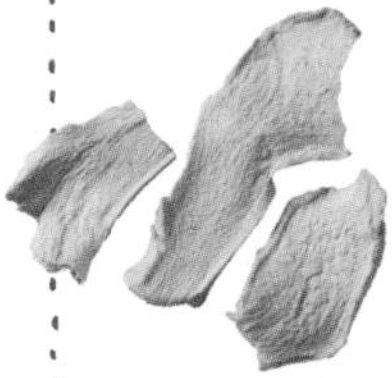

在日本也被稱做「西方山葵」，可以將根磨碎後食用。與山葵、芥末一樣含辣味成分，也可以用在粉狀山葵或管狀的山葵調味料裡的原料。繁殖力強，耐寒，在北海道更屬野生植物，居家也非常容易培育。

12 菊苣(Succory)

也被稱為「苦苣」的歐洲原產蔬菜。十分推薦在船型的葉子上，放上普羅旺斯雜燴或鮭魚等，做成易拿取食用的小點心。具有利尿、降低膽固醇以及肝機能的活化等效果。將磨碎的根烘烤後，可滴釀成含豐富食物纖維與礦物質的咖啡。

13 神香草(Hyssop)

唇形科香草，具有如薄荷般甘甜清新的味道，葉子可用在料理上的提味或是沖泡成香草茶，花也可用來做芳香乾燥花。抗菌性高，對消化不良與支氣管炎等也很好，將葉子與花一同與砂糖熬煮成糖漿，也有預防感冒以及止咳的效果。

17 琉璃苣（Borage）

美麗的星形花朵，是做為觀賞用的人氣香草。花朵可做成沙拉或點心，小黃瓜般味道的葉子與莖，也很推薦用在沙拉或拌炒料理上。種子壓榨出的油含豐富的「γ-次亞麻油酸」，被認為具有降低血糖與消解血栓的效果，但因含有少許具有肝毒性的植物鹼成分，須注意避免攝取過多。

16 蛇麻（Hop）

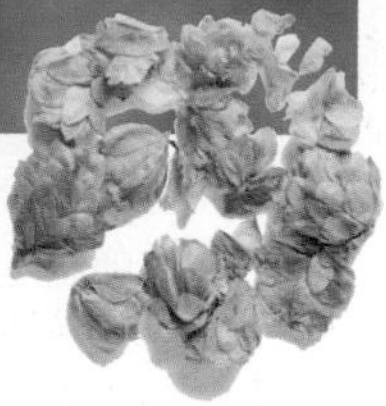

會開出如松毬般的花朵，主要是做為啤酒的苦味與香氣來源的原料。從蛇麻發酵的天然酵母烘焙出的麵包不僅濃厚且濕潤，花也可以做成天婦羅或香草茶。藤蔓會延伸生長的關係，也推薦用在綠色植生牆。

18 墨角蘭（Marjoram）

從以前被當作藥用植物，其鎮靜作用被視為可以安撫身心的香草。與奧勒岡非常相似，但甜味更濃且香氣更為纖細，苦味也較少。將葉子風乾切碎後，可在料理照燒豬肉或雞肉、烘蛋等，做為辛香料使用，也可混合在塔塔醬裡調配。

19 藥蜀葵(Marshmallow)

根部帶有黏液，將其作為原料並做成甜點，便是棉花糖的由來，現在已經很少將香草作為原料，但依舊被全世界所喜愛。根的黏液具有對喉嚨痛與支氣管炎、口腔發炎、膀胱炎的緩和效果，葉子與花可以沖泡成香草茶，嫩葉也可以做成沙拉或是與砂糖熬煮做成喉糖。

21 野草莓(Wild strawberry)

野生草莓的總稱，雖然有許多不同種類，但每一種都屬小顆果實且香氣濃郁，帶有豐富的維他命C與鐵質。除了生吃外，也可作成果醬或冰淇淋。葉子從以前就用在創傷治療或是做為整腸劑使用，也推薦沖泡成香草茶飲用。

22 貓薄荷(Catnip)

貓薄荷中「荊芥內酯」的香氣成分會使貓咪呈現陶醉狀態，被稱為可以使貓醉暈的香草。柑橘系的香氣，葉子與花具有強烈的發汗作用。也具有能夠鎮定精神與失眠等效果，風乾後也可以做成芳香乾燥花。即使在日照不良的地方栽培，其繁殖力也一樣旺盛。

20 桉樹(Eucalyptus)

將近1000種品種的尤加利屬的總稱，葉子形狀與樹高更是繁多。葉子富含揮發性精油成分，除了也被用在醫藥品外，殺菌力也非常高的關係，也推薦混入洗衣劑或是當作入浴劑使用。具有防蟲作用，也可做成除蟲噴霧使用。

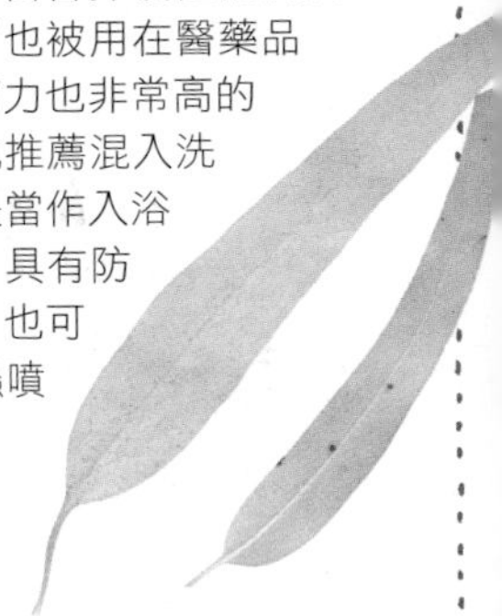

23 大黃(Rhubarb)

與芹菜、蜂斗菜非常相似的莖部富含食物纖維與維他命C，在歐洲被煮成甜品食用。可以活用強烈的酸味做成沙拉醬，也可以切細做成沙拉。葉子含有大量的草酸不能食用。阿育吠陀醫學裡被當作去除宿便重整大腸的最佳香草。

台灣廣廈國際出版集團
Taiwan Mansion International Group

國家圖書館出版品預行編目（CIP）資料

療癒園藝！餐桌的香草植栽全圖鑑〔暢銷新裝版〕：史上最強香草全書！161品種+125活用法大公開！/小川恭弘著；何冠樺譯. -- 初版. -- 新北市：蘋果屋, 2020.10
面；　公分
暢銷新裝版
ISBN 978-986-99335-8-2
1. 香料作物 2. 栽培 3. 食譜

434.193　　109016197

蘋果屋
APPLE HOUSE

療癒園藝！餐桌的香草植栽全圖鑑〔暢銷新裝版〕

史上最強香草全書！161品種+125活用法大公開！

監　　修／小川恭弘
譯　　者／何冠樺
編輯中心編輯長／張秀環
編輯／黃雅鈴
封面設計／林珈伃・**內頁排版**／菩薩蠻數位文化有限公司
製版・印刷・裝訂／皇甫彩藝印刷有限公司

行企研發中心總監／陳冠蒨
媒體公關組／陳柔彣
綜合業務組／何欣穎
線上學習中心總監／陳冠蒨
數位營運組／顏佑婷
企製開發組／江季珊

發 行 人／江媛珍
法律顧問／第一國際法律事務所 余淑杏律師・北辰著作權事務所 蕭雄淋律師
出　　版／蘋果屋
發　　行／台灣廣廈有聲圖書有限公司
地址：新北市235中和區中山路二段359巷7號2樓
電話：（886）2-2225-5777・傳真：（886）2-2225-8052

代理印務・全球總經銷／知遠文化事業有限公司
地址：新北市222深坑區北深路三段155巷25號5樓
電話：（886）2-2664-8800・傳真：（886）2-2664-8801
郵政劃撥／劃撥帳號：18836722
劃撥戶名：知遠文化事業有限公司（※單次購書金額未達1000元，請另付70元郵資。）

■出版日期：2023年06月3刷
ISBN：978-986-99335-8-2